Denise Bravo

Je maigris sans souffrir (enfin) et sans m'aigrir !

Denise Bravo

Je maigris sans souffrir (enfin) et sans m'aigrir !

Un Nouvel Art de Vivre

Éditions Vie

Impressum / Mentions légales
Bibliografische Information der Deutschen Nationalbibliothek: Die Deutsche Nationalbibliothek verzeichnet diese Publikation in der Deutschen Nationalbibliografie; detaillierte bibliografische Daten sind im Internet über http://dnb.d-nb.de abrufbar.

Information bibliographique publiée par la Deutsche Nationalbibliothek: La Deutsche Nationalbibliothek inscrit cette publication à la Deutsche Nationalbibliografie; des données bibliographiques détaillées sont disponibles sur internet à l'adresse http://dnb.d-nb.de.

Coverbild / Photo de couverture: www.ingimage.com

Verlag / Editeur:
Éditions Vie
ist ein Imprint der / est une marque déposée de
OmniScriptum GmbH & Co. KG
Bahnhofstraße 28, 66111 Saarbrücken, Deutschland / Allemagne
Email: info@omniscriptum.com

Herstellung: siehe letzte Seite /
Impression: voir la dernière page
ISBN: 978-3-330-72118-0

Je maigris
sans m'aigrir

Denise CLEMENT BRAVO

Je maigris
(ENFIN)
sans souffrir
(DONC)
sans m'aigrir

ou

Un Nouvel Art de (mieux) Vivre

Une saga familiale composée de 4 tomes :

Tome 1 : Un aussi long silence	*2012*
Tome 2 : La troisième pomme	*2014*
Tome 3 : Mon étoile, l'inaccessible…	*2015*
Tome 4 : Plaignons les tourterelles…	*2016*

A mes deux enfants, mes amours de toujours,
et pour toutes mes sœurs dans leur souci constant
de toujours être au top de leur forme
et belles d'abord pour elles-mêmes.

Tu te vois comme ça bientôt ?
Ben oui ! Plutôt pas mal hein ?

A chaque jour son miracle.
Acceptons les bénédictions, travaillons et créons dès aujourd'hui nos petites œuvres d'art.
Demain nous en recevrons de nouvelles.

S'occuper de son corps est une œuvre d'art continue qui mérite bien qu'on lui accorde tous nos soins et toute notre attention.

PROLOGUE

« Oh zut ! » On pourrait dire crotte ou flûte au choix ou le mot de Cambronne bien français, m.. alors. Mais le mot n'a pas d'importance, il jaillit selon les tempéraments. Donc je reprends parce que je suis très civilisée. « *Oh zut, encore un énième bouquin sur les régimes... marre.. marre.. marre.. Ouais, ils sont tous les mêmes, des promesses, des promesses et encore des promesses.. Et au bout, quoi ? Derrière les promesses je te fiche mon billet qu'il y a des restrictions et en prime des tas de comptes à faire calculette en main ! Pftt ! Ça va encore me prendre la tête, me plomber le moral, me gaver les nerfs, en un mot me faire suer (en restant polie). Ouais et tout ça pour quels résultats ? S'infliger des souffrances durant x mois pour finir par reprendre plus de poids que je n'en ai perdu ! C'est couru d'avance alors pas d'accord.* »

Oui Madame, oui mademoiselle, oui monsieur, je vous entends comme si vous étiez près de moi. " *Et puis je vais dépenser du fric pour lire ce que je suis sûre de connaître déjà ! La bouffe, les protides, les lipides, les glucides, les calories.. tout ça n'a plus de secret pour moi. Qu'on ne vienne pas me la faire ! On n'arrête pas de le voir imprimé dans tous les magazines dès que reviennent les beaux jours. Alors qu'est-ce qu'il va pouvoir me raconter de nouveau ce bouquin que je tiens entre mes mains ? Et qui est-elle cette Denise Clément Bravo pour vouloir nous donner des conseils ou des leçons, peu importe ce que d'ailleurs je ne suis pas prêt(e) d'accepter les yeux fermés. Non mais !* " Oui, oui, je vous entends râler et comme je vous comprends. Je pense que j'aurais régi comme vous si j'avais vu ce livre sur les rayonnages des librairies. Des régimes, comme vous certainement, j'en ai fait pas mal et chacun d'eux m'a laissée comme vous un peu plus sceptique et amère quant à leur efficacité et souvent avec.. un bonus de kilos quelques temps plus tard. Alors ras le bol. Non mais ! On ne va pas nous y reprendre.

Mais.. Mais.. Pourtant.. Vous aimeriez quand même bien les perdre ces sacrés kilos qui vous encombrent. Hein ? Un bon régime, un vrai qui tienne la route, ça doit bien exister pour vous comme pour moi, bon sang de bonsoir. C'est la réflexion que je me suis faite un jour, désespérée de toutes mes vaines tentatives. Nonobstant.. J'ai eu un sursaut salvateur, la petite lampe qui s'allume soudain au plafond. Euréka ! Archimède était avec moi. C'est ainsi que j'ai commencé ma propre action tranquillement, doucement en ayant ma foi des résultats lents mais durables.

Pourquoi consigner tout cela dans un livre ? Pour être tout à fait franche je dois avouer qu'en réalité c'est ma fille qui a actionné le commutateur en me disant un jour que je lui confiais une de mes recettes. "*Ecris un bouquin sur ta méthode !! Les plats que tu concoctes sont attrayants, appétissants et ça fonctionne. Les gens sont toujours demandeurs de ça !! En plus tu donnerais vie à n'importe quelle recette de base barbante. En outre, attention à tes chevilles, il est très agréable de te lire, tu as le ton d'une chroniqueuse d'aujourd'hui dans les articles de magazines féminins. C'est bien, ça change du ton solennel de pas mal de bouquins de régimes ! En bref il n'est pas ringard et ce sera un super livre j'en suis certaine qui va donner espoir à beaucoup de femmes !* "

Je dois dire que cela m'a titillée quelques heures, oui pas plus car je suis très réactive et le soir même je lui envoyais la première de couv' de mon bouquin, histoire de me dire que j'allais l'avancer plus vite puisque le titre en lui-même contient l'essentiel du bouquin. Elle a aimé alors j'ai dit bingo, je fonce. Ce que je n'ai trouvé nulle part rassemblés sous une même couverture, juste des machins, des trucs, des choses par ci par là, je me suis dit je vais prendre tout ça, je vais trier, jeter, broyer, garder, mixer pour en faire ma tambouille perso simplement agrémentée de mon bon sens et surtout de ma propre expérience. Je vais offrir pour la bonne cause mon corps à la science, ma science perso de l'art (et non pas de lard) de mincir pour mieux vivre ma vie. Et on verra ce qu'on verra ! Et j'ai vu le résultat (sur moi bien sûr en premier lieu), c'est pour cela que sans crainte je voudrai vous le faire partager !

A votre place je pense que maintenant je me laisserais convaincre - en tout cas dans un premier temps - de poursuivre plus avant cette lecture juste pour vous faire une petite idée de la suite. N'en sautez pas une ligne, pas un mot comme vous ne sauterez aucun repas. Tout doit être dit et lu c'est indispensable de commencer par le commencement et avec un moral boosté à fond les ballons. Car on se connaît nous les femmes, nous sommes presque toutes les mêmes. On a envie d'en savoir un peu plus très vite des fois que..? On ne sait jamais.. Oh comme cela nous démange.. On a tellement envie d'aller plonger immédiatement, vite, vite, plus loin dans les recettes, la marche à suivre.

Attention ne brûlons pas les étapes et jouons carte sur table Je ne suis pas une star ni un grand professeur ni un professeur du tout d'ailleurs pas plus qu'un médecin. Je suis moi, je suis vous, je suis nous toutes dans la majorité des anonymes, celles qui ne sont jamais sur le devant de la scène. Nous ne faisons pas partie de celles qui ont leur image sur papier glacé ou celles que l'on voit à la télé, super craquantes, moulées dans des robes à ras la touffe ou hyper transparentes ou au décolleté plongeant si bas qu'on s'y perdrait dans les abîmes.. Enfin celles pour qui tout semble (oui j'insiste "semble") facile : argent, célébrité, amour, gloire et beauté.. Hum ça nous rappelle quelque chose ? Grrr, grrr ! Un vrai scandale permanent pour nous, tout autant que des exemples car en secret on se dit pourquoi pas moi hein? Néanmoins il faut le préciser aussi ces super nanas et bien on ne les voit jamais au saut du lit car croyez-moi certaines nous feraient hurler de rire ou pleurer de déconvenue Ou pas !! Car parfois ce sont réellement de vrais canons oui mais aussi souvent Photoshoper. Ouais, ouais, on ne nous la fait pas. Mais ça existe aussi les belles, les sublimes au naturel.

Mais là où je veux en venir c'est que « ELLES », ce sont également des femmes finalement pas si différentes de nous dans l'absolu avec des mines un peu chiffonnées hors maquillage, des boutons ou un peu d'acné et des seins qui pourraient n'avoir rien de glorieux sans le passage par la case chirurgien. Cela peut arriver comme à pas mal de femmes devenues des mamans,, noble fonction entre toutes ou bien qui ont fait le yo-yo avec leur poids ou tout autre cas de figure d'ailleurs. Je ne veux pas dénigrer ou sembler être l'aigrie ou la jalouse de service, loin de moi ces vilains traits de caractère mais je me dis que peut-être certaines de ces nanas rament aussi pour garder une silhouette exemplaire. En tout cas c'est certain il y a des femmes belles partout et pour se sentir belles ou sexys on ne doit pas obligatoirement être « skinny.. »

La vraie beauté c'est la taille de votre cœur mais pas celle de votre jean. J'entends comme un ricanement. Noble phrase altruiste s'il en est mais nonobstant une taille ou deux de moins c'est pas mal quand même.. Alors pour nous sentir encore plus belles nous allons nous prendre en main et nous allons pouvoir arriver à des résultats franchement pas mal du tout. On va juste se donner un peu de temps ! Mais les messieurs ne sont pas écartés. Ils y trouveront leur compte eux aussi car mon mari a tenté l'expérience avec moi et il m'a même doublée dans la perte de poids. Normal, c'est un homme. Un mâle ça perd plus vite qu'une nana. Ils ne sont pas fait comme nous.. mais ça on le sait depuis longtemps, je n'entrerai pas dans les détails inutiles autant que superflus. Mars et Vénus on connaît ! Mais en l'occurrence il s'agit de morphologie, d'hormones, de masse graisseuse préservée.. j'en passe et des meilleures. En tout cas mon époux est hyper content et me nargue même un peu. Je le laisse à ses enfantillages, je sais que ce n'est que le résultat de sa très grande satisfaction.

« *Y'a pas le feu au lac* », diraient nos amis suisses. Comme ils ont raison. Pas de vaine précipitation nuisible en toutes choses. Un beau jour donc moi je me suis prise en main, je ne me suis plus lâchée et ça a payé. « Bye bye les kilos en trop ! » Voilà pourquoi j'ai décidé de vous faire partager mon expérience positive ou ma « *positive experience* » ça fait plus dans le coup !

I

Nous

Nous, vous et moi, n'avons peut-être pas grand chose de remarquable en apparence - du moins c'est ce que notre côté maso veut nous faire croire - et je m'insurge. Nous avons toutes tous les atouts pour réussir à devenir de vraies starlettes du quotidien. L'une possèdera un sourire à damner un saint, une autre des grains de beauté coquins ou des tâches de rousseur que n'auraient pas désavouées la jolie Marlène Jobert, Sandrine Kimberlain ou Isabelle Huppert. Na ! Un regard de félin, des jambes superbes (Adriana Karembeu les a décidément vraiment longues.., non je ne suis pas jalouse ce serait mesquin), des œufs sur le plat dont on raffole (je ne cite personne mais vous avez des yeux pour voir comme moi) ou des seins volumineux qui ont chatouillé plus d'un routier ou d'un GI mais pas que.. (Dolly Parton comme Anita Eckberg étaient des icones).. Je me cantonne au passé mais dans les magazines People on peut découvrir d'impressionnants balcons comme de monumentaux fessiers.

Qu'importe !
A chacune sa beauté, son charme, ses atouts et sa présence !

Alors on ne va pas se focaliser sur une silhouette un tantinet trop lourde ! Oui c'est d'accord on ne se focalise pas mais on a quand même envie d'en perdre un peu de ces sacrés kilos chaque été pour entrer dans le bikini de ses rêves et cela est ma foi bien légitime.

Alors mon régime (je parlerai plutôt de nouvel art de manger) ne vous transformera pas et c'est heureux en coton tige et vous ne pourrez pas passer derrière une affiche. Mais jour après jour vous aurez la satisfaction de voir s'envoler gramme après gramme le lard de vos tourments. Nous le méritons bien en tout cas, vous et moi, autant que n'importe qui. Nous méritons attention, considération, beauté, bien-être et nous allons arriver à obtenir tout cela car nous sommes des futées, nous avons du bon sens et nous allons commencer à nous y mettre.

Tenez, pas plus tard que maintenant déjà en achetant ce bouquin, puis en rentrant tranquillement à la maison alors on fait quoi ? Si bien sûr on n'a pas le goûter des enfants à préparer, leurs leçons à faire réciter, les devoirs à expliquer, une corbeille de repassage plein la gueule à faire, des lessives à mettre en route, l'aspi à passer, le repas pour toute la famille à préparer.. Bon on ne va pas se cacher que toutes ces tâches il faudra quand même les faire (mais votre conjoint - si vous en avez un - apporte peut-être une aide spontanée à tous ces impératifs) ?

Quoi qu'il en soit, si au préalable on se préparait un bon thé vert que l'on mettrait dans un joli mug. On l'emporterait au salon sur son canapé préféré ou son fauteuil, on insèrerait dans sa platine un CD d'une musique douce et enveloppante, bref on s'accorderait ces plaisirs gratuits et on plongerait dans le livre. Allez une dizaine de minutes pour vous, rien que pour vous, vous en avez le droit et le devoir. Le droit car vous n'êtes pas une bête de somme et le devoir car cet instant privilégié de détente est indispensable pour continuer bien reboostée votre deuxième journée de travail.

Nous prenons soin de nous

II

Qui suis-je ?

Je suis une femme, mais ça vous l'aviez compris déjà. Mère de famille et même grand-mère mais toujours soucieuse de mon apparence et de ma santé, plus que jamais même ! Je veux devenir une belle petite vieille pleine d'énergie. Commencer un régime à mon âge et bien faut être « *ben courageuse* » ou « *hyper motivée* » ou « *fêlée du bocal* » oui j'ai entendu dire cela alentour. « *Elle est casée, elle a un mari qui est habitué de la voir comme elle est, elle lui convient comme ça, bref elle n'a plus besoin de plaire, juste faire des confitures pour ses petits enfants, alors elle cherche quoi ?* »

Non, niet, no, que nenni !! Personne ne me soumettra à ce rôle charmant de mère-grand ou réducteur de pot de fleurs pour ma tendre moitié, ces plantes qui embellissent la maison mais qu'on ne voit hélas plus guère. J'ai envie avant tout de me plaire, de plaire et de lui plaire aussi jusqu'au bout de ma vie et faire des tas de choses encore et pour cela il faut avoir une forme à la hauteur de ses désirs.

Je ne suis, je vous l'ai déjà dit ni médecin, ni diététicienne, ni nutritionniste mais j'ai un diplôme d'esthéticienne et durant mes études j'ai appris pas mal de choses sur la nutrition et l'hygiène de vie. Et pour avoir fréquenté très souvent la Faculté, lu une montagne de livres écrits par des gens renommés, des célébrités mais aussi des anonymes et donc après pas mal de recherches auprès de mon entourage et enrichie de toutes mes propres expériences j'ai acquis, je dois le dire, quelques principes et quelques règles élémentaires en matière de nutrition. Il y en a de bons (des principes), de respectables (les médecins nutritionnistes) mais il y a aussi de vraies aberrations (des règles) qui ne sont bonnes qu'à jeter à la poubelle en remettant bien vite le couvercle dessus.

Bon, vous avez peut-être râlé au début mais au moins vous avez lu jusqu'ici. C'est un bon début. Vous hésitez encore, c'est dommage ! Mais en même temps vous vous dites : « *Et si cette fois c'était la bonne...?* » Car je suppose que vous avez déjà maigri, regrossi, re-maigri puis regrossi.. Résultat, votre moral est... dans vos chaussettes ! Je sais j'ai connu ça. Allez, on ne culpabilise plus. Vous avez tellement été échaudé(e) que vous doutez encore. Normal. Le doute est le propre de l'homme. Non cette maxime n'est pas de Montaigne, elle est de moi. Lui il parlait du rire mais on peut rigoler aussi.

C'est un fait, vous n'êtes pas obligé(e) de me croire cependant je vous encourage à le faire. Si vous avez en main ce nouveau guide élémentaire - mon cher Watson - vous venez de remporter votre première manche. La deuxième vous la gagnerez si vous me lisez jusqu'à la dernière page (pas interdit de zoomer sur certains paragraphes, ça vaut le coup) et surtout bien entendu si vous mettez en application ce que j'ai pratiqué. Je sais de quoi je parle.

Lire c'est bien, mettre en pratique c'est mieux.

Vous ne serez pas déçu(e) bien au contraire !

III

Pitié

Pitié pour vous, donnez-vous encore une fois la chance de commencer et surtout de mener enfin à bien un projet qui tient la route surtout si votre motivation est cette fois bien réelle et votre but bien défini. Avec un but et un projet clair autant que réaliste cela marchera c'est certain. Je ne vais pas vous proposer de courir après des mirages ni de faire des choses complètement ridicules ou farfelues ou dangereuses. Je vous demande juste de croire en vous, en vos possibilités, en votre mental et le croyant elles se réaliseront. Le mental, sachez-le est primordial dans l'entreprise d'un régime (comme dans n'importe quelle décision importante à prendre). Ce n'est pas rien que de commencer à vouloir changer quelque chose dans sa vie et cela durablement. Dites-vous que vous ne serez plus tout à fait la (le) même après. Vous verrez tout d'un œil neuf, vous serez plus affirmé(e) et fièr(e) de vous. Commencez à y croire dur comme fer. Croyez-le par pitié.

A-t-on jamais vu des pessimistes découvrir de nouveaux mondes, de nouvelles terres ? Nous avons toutes et tous des chemins différents à parcourir assortis de différentes options. Mais surtout au départ nous avons un choix unique à faire qui déterminera tout : « ***accrocher une étoile à notre destin ou bien une pantoufle*** ». Je ne sais pas qui a dit cela mais la formule me sied. Et bien évidemment le choix de chacun est respectable. Mais vous, qu'est-ce qui vous tente le plus ? La pantoufle ou l'étoile ? Cela mérite peut-être réflexion, non ? N'avez-vous pas envie de vous donner la chance de devenir celle, celui que vous êtes vraiment ou en tout cas de l'approcher le plus possible. Si oui, donnez-vous je le répète les moyens de le faire. Voyez-vous sur la ligne d'arrivée.

Visualisez-vous en une belle personne amincie, bien dans sa peau, dans son corps, à l'aise, sûre d'elle en toutes circonstances. Voyez la femme ou l'homme que vous serez avec des kilos en moins. Ce que mentalement vous construisez contribuera à vous faire devenir celle, celui que vous souhaitez être. Et tout ce que vous ferez, même les plus petites choses auront leur importance. Rien n'est insignifiant. Alors s'alimenter.. Le Professeur Henri Joyeux a écrit « Nous sommes ce que nous mangeons ». Les cellules de nos muqueuses se renouvellent tous les trois mois, nos globules blancs tous les sept jours, les cellules de notre intestin tous les trois jours, etc.. Donc si nous changeons d'alimentation tous nos tissus peuvent se régénérer. CQFD !

Ce que vous obtiendrez au final – une personne nouvelle - c'est à vous et à vous seul(e) que vous le devrez et cela vous remplira de joie, de satisfaction, de fierté et de bien-être.

C'est un vrai challenge
et vous allez le gagner !

Suivez-moi.......

IV

Comment en suis-je arrivée à l'Art du bien manger sans faire de lard

Je ne vais pas délayer à l'infini, je vous sens impatient(e) de voir ces fameuses recettes. Je vous avouerai simplement qu'un jour je me suis dit, je suis mon propre chef d'orchestre et je vais jouer ma propre partition. Plus que marre de gober tous les salamalecs des uns et des autres. Quand je parle de « ma » méthode il est évident que je n'ai rien inventé, je me suis contenté de prendre et de tester ce qu'il y avait de plus intelligent dans des régimes proposés. J'en ai fait mon miel ajoutant de ci de là des petits trucs à moi très simples et qui me convenaient. Voilà je me suis jetée à l'eau.

Puis après quelques temps j'en ai parlé à des collègues de travail qui ont alors testé et pour qui cela a réussi aussi. Mais auparavant, pas folle la guêpe j'avais demandé l'avis d'un nutritionniste. Il m'avait répondu. « *Je crois que c'est parfait, en tout cas votre méthode ne présente rien de dangereux. Je n'y vois pas de contre indication particulière. Tout est simple, modéré, varié, sensé. Vous ne pouvez que vous nourrir d'une bonne manière en procédant ainsi. De plus je constate que vous récupérez la forme et de l'énergie. A mon avis, continuez car pour moi je n'appelle pas cela un régime mais de bonnes règles alimentaires qu'il faudra conserver. Donc ma seule recommandation est, « **ne perdez surtout pas ces habitudes après avoir perdu le poids que vous souhaitez. Gardez-les bien car vous aurez acquis un nouvel art de vivre** »*.

Par ses paroles c'est lui en fait qui m'a suggéré le dénomination de ce que j'ai appelé « ma méthode ! »

Tous (pas vraiment tous quand même) les régimes dits infaillibles oui je crois bien que je les ai testés avant ça. Je me suis retrouvée à suivre presque malgré moi un parcours alimentaire assez chaotique. Pourquoi? Rien que de très banal en somme. Je voulais absolument perdre ces maudits kilos qui me faisaient pester chaque matin contre une balance stupide. Hélas je reprenais bien vite ce que je m'étais efforcé au prix de pas mal de sacrifices de perdre.. Crac, boum, hue, je tombais dans la surenchère graisseuse. On le sait pourtant bien, on ne peut suivre tous ces régimes sur la distance. C'est impossible, chiant et invivable.

Mon parcours a été somme toute ordinaire et doit ressembler à pas mal de parcours de mes consœurs.

J'en viens à la genèse de mon parcours. Alors que j'avais six ans (j'étais une adorable petite fille aux jolies rondeurs et aux grands yeux lavande – bon ça fait pas de mal de se valoriser un peu on renforce sa confiance en soi), une magnifique mais perfide dame a dit en me voyant, « *t'ias de beaux yeux ma p'tite* ». Là elle commençait plutôt bien, elle devait avoir sûrement vu « *Quai des Brumes* » avec Gabin et Morgan et ça l'avait marquée façon « pieds noirs ». Mais après ça s'est légèrement gâté. « *Tu te portes bien ma fille, t'ies même un peu bouboule ! Aïe, aïe, aïe mes aïeux ! Quel dommage. Si c'est pas malheureux déjà à ton âge !*

Comment que tu crois que tu vas l'attraper le Prince Charmant ? » Parce que le Prince Charmant on y croyait dur comme fer à l'époque.. Et chaque fillette se voyait en princesse. Les temps ont bien changé !! Au fil des années le Prince Charmant a foutu le camp.. ce qui n'empêche pas les petites filles de rêver.. jusqu'à un certain âge hélas de plus en plus précoce.

Mais j'en reviens à cette dame. Ah l'ignoble, la félonne, la bourrique ! Du haut de mes six ans j'ai bien compris que quelque chose clochait en moi et j'ai reçu la flèche empoisonnée en plein cœur. La dame avait dit « *dommage* » pourquoi ? Maman que j'ai regardée d'un air interrogateur a semblé acquiescer. A l'époque c'était assez flatteur d'avoir une enfant qui se « *portait bien* ». Pour elle, maman pied noir, mes rondeurs étaient le signe évident qu'elle était une bonne mère qui nourrissait bien sa couvée. C'est ainsi qu'elle a continué à bien me nourrir.. et que j'ai continué à « *profiter* » !

Ensuite à 13 ans alors que j'amorçais ma puberté des « amies » à la taille fine m'ont lancé innocemment (je veux bien leur accorder le bénéfice du doute mais j'en doute fort) l'innocence peut être cruelle. « *Au moins toi tu ne fais pas pitié* ». Ou « *désolée je ne peux pas te prêter mon jupon tu le craquerais...* » Ou « *Si tu as un jour un amoureux, en tout cas si jamais ça t'arrive - ah ! ce «si jamais» - il en aura les mains pleines !* » Ah ! Ces paroles dites dans des éclats de rire ou en ricanant elles n'ont cessé de me poursuivre, elles se sont nichées en moi et même si au cours des années j'ai perdu quelques rondeurs, dans ma tête et dans mon miroir j'étais à jamais estampillée « *la bouboule* ». Quelle meurtrissure !

Dès que j'ai pu quitter le nid familial où hélas je n'avais pas le pouvoir de faire changer ma mère sur le plan culinaire ni sur aucun autre plan en vérité : « *t'ies belle ma fille comme ça, t'ies une belle plante en bonne santé,* qu'elle me répétait. *Qu'est ce que tu vas te détruire la santé et risquer une dépression pour des conneries pareilles ? A la maison tout le monde mange pareil et c'est bon, personne ne s'en plaint, t'ies une princesse ou quoi toi ?* » Et bien sûr l'éternel « *pense à tous ces petits chinois ou africains ou.. qui meurent de faim* ». Mais elle avait une préférence pour les petits chinois, allez savoir pourquoi ?

Donc disais-je, dès que j'ai pu voler de mes propres ailes dans mon chez-moi je me suis jetée à corps perdu dans des régimes, une frénésie de régimes qui allaient m'apporter la silhouette de rêve qui devait être la mienne. C'était mon droit ! Je me sentais si empotée, exclue, le vilain petit canard trop dodu. Et je trouvais les filles des magazines si belles, si minces ! Pourtant elle avaient de belles rondeurs quand même si je songe à des vedettes en vogue comme Sophia Loren, Gina Lollobrigida ou Claudia Cardinale, etc.. A l'époque elles se situaient dans la « norme » acceptable et même revendiquée et acclamée.

Ensuite les années sont passées et avec elles la mode incessante mais variable des régimes. Chacun y allait de sa méthode avec des « *témoignages* » de réussites et moi je m'y engouffrais toujours. Chaque nouveau régime allait nécessairement être le bon cette fois et chaque fois revenait le rêve tenace à portée de fourchette d'un changement radical de ma silhouette. Je me voyais transformée très vite et sans trop d'efforts de plus il ne fallait pas que cela dure longtemps.. Car si je suis persévérante je suis également très impatiente. Et en tout ! Il faudrait que les choses soient déjà terminées à peine commencées. Hum, pas très bon cela quand on veut faire bien et durable.

Mais car il y a toujours des « mais » bien sûr. Rêver c'est super mais les retours sur terre étaient malheureusement le lot habituel et plus dure était la chute et aussi plus décevante. Cependant j'ai la capacité de rapidement me relever et de m'enthousiasmer très vite sur des nouveautés. C'est ainsi que je ré-enfourchais d'autres régimes, je me laissais embarquer vers d'autres promesses encore plus mirobolantes que les précédentes.. C'est sûr celui-ci allait être mieux, le meilleur. J'allais pouvoir me vêtir en taille 38 et on ne pourrait que me trouver belle et m'aimer, comme si la taille a à voir avec les sentiments, comme si l'amour qu'on pourrait m'accorder allait être en proportion inverse de mon poids !! Et puis vouloir un 38 direct alors que j'accusais plutôt un 44 (allez, jusqu'à 46 parfois et durant un temps un 48 !!), quelle utopie !

Faut être plus réaliste quand même et ne pas viser - ni immédiatement ni jamais d'ailleurs - la taille mannequin anorexique. Faut être insensée !! Si on veut se bousiller la santé rien de tel ! D'ailleurs ça n'est même plus de mise. Dans la mode, même si certains couturiers s'obstinent à glorifier l'extrême minceur pour ne pas dire maigreur il y a un retour vers un peu plus de formes et c'est tant mieux.

Donc restons réalistes dans nos aspirations, positivons mais surtout agissons raisonnablement !

Du rêve à la réalité

V

Avant d'être aimé(e) il faut d'abord s'aimer soi-même

Alors j'ai commencé à me réconcilier avec mon corps, avec mon moi le plus intime. Les kilos en trop ne seraient plus la « *Grande Affaire* » de ma vie. Cependant j'entendais résonner au fond de moi des ricanements tenaces venus de mon enfance. Je restais un peu bloquée sur l'ado rondouillarde. Les blessures de l'enfance ont la vie dure !

Puis j'ai été aimée, malgré (ou grâce à) ces quelques kilos superflus bien placés que mon cher et tendre aimait à caresser. Oui il aimait ma poitrine généreuse, mes hanches en amphore. Les hommes disent que ce genre de femmes est très agréable à regarder, qu'elles doivent aimer les bonnes choses de la vie, la nourriture et l'amour aussi. Pas faux ! En fait c'est moi qui ne m'acceptais pas !

J'ai cogité là-dessus. Il n'y a pas que les plaisirs de la table qui nous enrobent, il y a aussi son patrimoine génétique qui entre en cause et la manière dont on a été nourri tout au long de notre vie. Avais-je gardé les habitudes alimentaires de ma famille, les plats généreux, les assiettes largement servies, les dîners complets qui font que même sans faim il fallait prendre le plateau de fromages et des desserts derrière..

Il y a aussi les accidents physiques et affectifs de la vie et la manière que l'on a eu de les recevoir en pleine poire, en plein cœur, de les gérer, de les assimiler, de les évacuer ou pas.. Les détresses, les drames et tout ce qui fait qu'un être humain est justement humain donc vulnérable. Non, il ne fallait pas que je fasse de tout cela un enfermement. Rien n'était perdu. Ce qui importait c'était d'en prendre conscience réellement et décider un jour de ne plus subir mais agir.

C'est ainsi que le temps est passé, des rides me sont venues mais bof avec elles de nouvelles idées, une sorte de sagesse matinée d'un soupçon de sérénité. Le monde entier ne se réduisait plus enfin à un pèse personne ! J'ai remis pas mal de choses à plat et après avoir bien réfléchi je me suis annoncé à voix haute qu'on ne me prendrait plus pour une imbécile (au sens où on voulait me faire prendre des vessies pour des lanternes) et surtout qu'on ne me réduirait plus au terme dévalorisant selon ma perception de *« grosse »* car tel qu'il était énoncé il était pour moi péjoratif. Il n'y avait aucune bienveillance dans ces paroles. Alors qu'il y a de magnifiques personnes bien en chair qui s'assument superbement et personne n'aurait l'idée de leur lancer de telles balourdises.

Mes réflexions je les ai tirées de toutes mes vaines (pas tant que cela finalement) mais instructives expériences. A tâtons, tout doucement mais sûrement je me suis construit une hygiène de vie, mentale d'abord puis physique. Personne mieux que moi ne me connaissait. J'ai fini par trouver mon équilibre en m'aménageant une vie entre rêve et réalité, changements réels, compromis et acceptations. Car tout bouleverser n'était plus à l'ordre du jour. J'ai mis en pratique en douceur des recettes personnelles intuitives, d'abord genre pointilleuse sur le nombre de calories par jour (pas plus de 1300 calories) puis en lâchant un peu de lest et en évaluant grosso modo l'addition. Pas de problème, ça vient facilement au fil des jours.. On acquiert une sorte d'automatisme rassurant et des réflexes de bon sens. Et mon bon sens m'a permis de réussir là où jusqu'ici j'avais toujours échoué. Une réussite à la mesure de mes espérances.

« A cœur vaillant il n'est rien d'impossible ».

VI

C'est le plus beau cadeau que vous puissiez vous faire

Soyons clairs ! Vous qui me lisez cela ne sert à rien d'entreprendre ou plutôt de continuer cette lecture - puisque vous en êtes arrivés jusqu'à ces lignes - si toute idée de régime (encore que je le redis et que je le répète ce n'est pas un régime stricto sensu) vous rebute ! Sauf bien sûr si vous adorez mon style et que vous avez envie de passer un peu de temps agréable à sourire avec moi. J'aime bien vous avoir comme lecteurs moi aussi. Mais surtout ce que je souhaite c'est vous voir maintenant prêt(e)s à vous prendre en main et cela durablement.

Durablement, oui dans le dico cela veut dire sur du long terme ! Solidement, fermement et pas passagèrement. Quoi je vous fais peur ? Je vois vos yeux s'agrandir d'effroi. Kouaaaah ? Kwoua ? Koi ? Elle veut nous condamner au bagne celle-là ?? Ça va pas la tête ?? Allez non, non, rassurez-vous, cela n'aura rien d'un bagne. Ra-ssu-rez-vous. Un régime ne doit pas être une souffrance supplémentaire (il y en a déjà bien assez dans nos vies) mais plutôt **du bien-être en devenir.**

On est tous OK ? Je ne vous demande pas de partir en croisade ni d'aller à la quête du Graal, c'était bon du temps des chevaliers. Je vous demande encore moins de vous battre ou de vous faire la guerre. Rien d'aussi dramatique. Il vous faudra juste un peu de contrôle de votre propre vie, un peu de discipline et l'envie immense de vous sentir super bien dans votre corps et dans votre tête pour toujours. Sentir l'harmonie entre vous et vos valeurs personnelles, augmenter votre énergie, votre espérance de vie.. et entrer à nouveau dans ces tops que vous aviez remisés avec regret au fond du placard avec votre jean d'il y a quelques années. Quel pied quand on peut à nouveau se glisser dedans sans péter les coutures ou ressembler à un saucisson mal ficelé !

Oui c'est un beau cadeau que vous pouvez vous faire. Alors si vous voulez on va faire un petit bout de chemin ensemble et surtout pas dans la morosité car manger est un vrai plaisir de l'existence qu'il ne faut pas bannir, bien au contraire. Dites-vous également que tout ce que vous pourrez obtenir vous l'avez en puissance. Répétez-vous, visualisez *« je crois fermement en ce que je désire »* et alors tout votre corps va concourir à le réaliser. C'est pas de la magie mais ça fonctionne ! Méthode Coué ou conditionnement perso ou sophro, peu importe. Ça fonctionne. Bon, pas sur un simple clin d'œil mais c'est certain une porte va enfin s'ouvrir devant vous.

Votre corps est votre ami le plus cher et vous n'en avez qu'un. Il doit durer le plus longtemps possible, vous êtes d'accord avec moi et en meilleure forme possible, ça c'est encore mieux. Sans heurts, sans grincements de dents, sans tortures pour l'estomac ni envies irrépressibles, ni trous au porte monnaie (au contraire on dépense moins en nourriture), je vous invite à perdre sans presque vous en rendre compte deux, cinq, dix kilos.. Pourquoi pas plus ? Tout dépend de votre désir et de votre motivation. Lire c'est bien, agir c'est mille fois mieux ! Je ne bégaye pas, je renforce le message.

Alors bienvenue dans l'ère de l'alimentation saine et intelligente. Mais auparavant, patientez encore un peu, je vais juste oser me mettre sous le feu des projecteurs (interdiction de rigoler) pour vous démontrer combien on peut être stupide, crédule ou incorrigible rêveuse parfois.

A force de chercher on finit par trouver !

EUREKA !!!

VII

J'ai tout essayé en fin presque.. Tout a raté !

Qui n'a pas tout essayé, tout tenté pour perdre du poids ! Enfin on croit qu'on a tout tenter.. puisque je suis là maintenant ! Sans compter qu'après des années de régime yo-yo on arrive quand même à peser le même poids qu'au départ. Le même poids, que dis-je ? C'est hélas souvent lestée de dix kilos de plus qu'on se retrouve.

Je vous propose dans un premier temps de passer d'abord en revue quelques régimes *« fameux »*, dans le sens *« les plus connus »* suivis par beaucoup de candidats à l'amaigrissement et par moi-même je l'avoue dans ma recherche inépuisable du régime idéal.

Faisons un bref tour d'horizon - sans trop nous y étendre - de ces régimes (car leurs auteurs en font suffisamment leur pub). Mes réflexions n'engagent que moi et on ne peut parler que de ce qu'on a expérimenté !

Le régime Atkins :

Plus aucun sucre lent ni rapide mais de la viande à volonté, à profusion. Les bœufs en me voyant s'enfuyaient... C'est gras, très gras, bien trop riche en graisses animales et bonjour l'ami cholestérol..

!! Perte de 3 kilos en une semaine mais tout repris la 4ème !!
« *Aberration diététique* », d'après mon médecin qui m'a souvent vue.

Régime Ananas :

Le principe est simple, avaler un ananas à tous les repas, il contient des enzymes qui font maigrir (??)

Sympa les 3 premiers jours ensuite l'ananas m'est sorti par les yeux. Fatigue, plus d'énergie.. puis sorti par la bouche ! Oui pour comble des aphtes gros comme des soucoupes ont fleuri dans mon palais avec des douleurs jusqu'aux oreilles à la fin de la première semaine. Génial !

!! 3 kilos en moins et davantage dans les jours qui ont suivi puisque je ne pouvais rien mettre en bouche sans hurler de douleur. Sympa ! Bouffer de l'ananas et vous ne pourrez plus rien bouffer après. C'est sûrement cela le secret de la réussite de ce régime.

« *Au fait docteur vous n'auriez pas un remède miracle contre les aphtes?* »

Le régime dissocié :

On mange de tout (à part le sucré) à condition de ne pas mélanger les viandes avec les laitages ou les graisses avec les aliments acides. Un vrai casse tête. Jongler en permanence avec les protéines maigres et les grasses. Menus déprimants. Bien que je ne sois pas très dessert un peu de douceur me manquait parfois mais ab-so-lu-ment interdit !

Résultat peu probant mais j'avoue que je n'ai tenu que 3 jours !

« Régime imbécile », m'a dit mon médecin « *car ne reposant sur aucun fondement scientifique!* »

L'imbécile c'était moi. Je n'ai jamais su jongler même pas avec les aliments. Tant pis pour moi.

Le régime Mayo :

C'était mon 4ème ! Le principe: des menus restrictifs à respecter à la lettre et gare aux esprits frondeurs. Le moindre écart et vous êtes sanctionné(e)s !
La plupart des repas se résument à 2 œufs avec épinards, pamplemousses ou tomates. J'aime bien les tomates, j'en mangerais sur la tête d'un teigneux si.. mais.. car il y a un mais bien sûr, pratiquement aucun produit laitier et pour les laitages je suis restée assez bébé. J'en veux tous les jours, na ! J'ai tenu pour la bonne cause et j'ai fondu de 5 kilos en 2 semaines. Bien ! Mais franchement bouffer des œufs jusqu'à écœurement total, c'est assez beurk ! Mais c'est pas tout ! Mon teint est devenu progressivement jaune comme un citron et douleurs au côté droit. N'en pouvant plus j'ai réintroduit des laitages. J'ai transgressé la règle très stricte et les kilos se sont réinstallés.

« *Trop hypocalorique et hypo glycémique*, a décrété le médecin qui commençait à me regarder de travers. *Vous voulez vous détraquer ? Vos kilos en moins c'est l'eau que vous perdez mais qui revient très vite ».*

Donc impossible de poursuivre ça sur du long terme et c'est peut-être mieux car j'aurais peut-être fini à l'hosto avec en prime une hépatite ??

Le régime hyper protéiné :

Ce régime là j'y ai vraiment cru (comme d'ailleurs tous les autres au début). C'était à la mode en tout cas. Pleine d'un enthousiasme toujours renouvelé (ça c'est moi tout craché !) je m'y suis mise comme une forcenée. Toujours trop d'exaltation !

Il ne faut manger que des protéines avec des protéines et encore des protéines, surtout de la viande, des poissons et des laitages (maigres bien entendu). La douce promesse de la terre promise c'était 7 kilos en moins en deux semaines ! Le régime me semblait plaisant, il comportait mes chers laitages. Mais comme j'étais hyper trop à cheval là-dessus au bout de quelques jours ils me sont sortis par les trous de nez. Pas comme l'ananas qui avait privilégié mes yeux et ma bouche mais les trous de nez c'est pas mal non plus.. J'en pouvais plus du blanc !! Je voyais des marées de fromage blanc prêtes à m'engloutir.

!! Je ne sais pas si j'aurais pu perdre les 7 kilos annoncés et je ne le saurais jamais - ceci n'est que ma propre expérience - mais il est vrai que je n'ai tenu qu'une semaine et tant de tourments et de stoïcisme pour un seul petit kilo en moins ben moi ça m'a découragée !!!

« *A ne consommer que des protéines le métabolisme est fortement perturbé* ». Là le médecin me roulait des yeux furibonds. « *Le rein doit éliminer beaucoup de déchets azotés, urée et acide urique. Risque de coliques néphrétiques importants et de plus carence en minéraux, vitamines et acides gras sont inévitables sur du long terme. Ce régime est trop carencé et votre corps vous le fera payer* ! »

Après tout, il a raison le corps, on veut le priver d'une nourriture plus diversifié alors il se venge !! Cette fois j'ai échappé de justesse aux colique néphrétiques.. je mène parfois une vie très intrépide.

Le régime Montagnac :

Ah ! Oui !!!! J'en étais toujours à m'exclamer devant un nouveau régime comme une incorrigible optimiste.

Ah ce Montignac il est venu me regonfler – ne riez pas - je ne parle que de mon moral qui était au plus bas. Ma vie professionnelle m'obligeait à cette époque là à dîner souvent en ville et c'était devenu un tracas permanent. Toujours à chipoter devant mon assiette. Je peux, je peux pas ??

Mais voilà que Monsieur Montignac me certifiait que j'allais faire honneur à une nourriture digne de ce nom. Il suffisait de savoir qu'il existe des bonnes et des mauvaises graisses, idem pour les glucides. Il fallait juste respecter 2 phases dans ce régime avec toutefois des listes d'aliments défendus. Et oui il y en avait plein, ce ne serait pas un régime si tout était permis et on pense toutes bêtement que pour qu'un régime soit efficace il faut fournir des efforts. On a souvent entendu « *Il faut souffrir pour être belle !* » et cela nous a fortement imprégnées. Donc comme des andouilles bien conditionnées on y va..

Phase une restrictive et phase 2 permissive.. mais cela à vie !! Et la phase 1 se prolonge jusqu'à obtention du poids désiré (cela peut durer un certain temps et même un temps certain). A noter que les produits alimentaires préconisés font d'abord réduire votre porte-monnaie et le dégraissent bien plus vite que vous-même. Il fallait en avaler de la graisse, de la bidoche. Quand on en est arrivé au caviar j'ai dit « *faut pas pousser quand même j'ai pas la banque à Rothschild ni la plaque à billets* » et c'est ainsi que j'ai réussi un exploit : grossir durant les 15 premiers jours. Faut le faire ! Pas trop le moral pour continuer l'aventure..

!! Beaucoup de bruit médiatique pour rien de plus qu'un régime hypocalorique qui avait loupé l'effet escompté sur moi. D'autres y auront peut être trouvé leur compte ? Tant mieux pour eux.

<u>Le régime ZEN</u> :

Me voilà embarquée allègrement pour le pays des purs esprits, enfin presque car à ma connaissance les Bouddhas ne sont pas franchement étiques du moins dans leur représentation car je n'ai pas eu l'insigne honneur d'en rencontrer un seul.

Ce régime repose sur des principes d'équilibre entre le Yin et le Yang. Il faut beaucoup de céréales complètes à l'exclusion formelle de tout aliment d'origine animale, produits laitiers compris. Très simple en vérité ! Tellement simple qu'il est réduit à sa plus simple expression !

Les fruits aussi c'est tabou, non pas pour moi mais dans le cadre de ce régime oui. Pourquoi ??? Je n'en sais rien et les agrumes, pour ce régime c'est le pire des fruits, c'est carrément intouchable, interdit, caca. N'y songez pas un seul instant.. Et l'eau, la bonne eau de source pourtant si bienfaisante ? Et bien là non plus elle n'a pas bonne réputation, il faut s'en méfier. Bizarre quand même ! Oui bien ai-je mal compris ? Mais je n'allais pas faire ma scro-gneu-gneu pour si peu de choses en vérité. Il ne serait pas dit que mon karma m'empêchât d'accéder à la silhouette éthérée qui devait être la mienne.

Alors bol de riz complet le matin au p'tit déj', bol de riz complet à midi et bien sûr pas de dodo avant le sacro saint bol de riz.. complet. On peut dire que ce n'est pas la lourdeur de votre estomac qui vous donne des insomnies.. mais à la longue celle de vos intestins qui retiennent tout et ne posent rien.. Bonjour la constipation !

Bigre que c'était sec à avaler, sans compter qu'il fallait mastiquer chaque grain séparément plus de sept fois dans sa bouche, pire qu'avant de proférer une ânerie. Mastiquer encore et encore de manière à en faire une belle bouillie avant d'avaler. De cette manière vous donnez un sacré coup de main à votre estomac, vous lui faites la moitié du boulot. Cela me faisait comme un plâtras dans la bouche et tout doucement il fallait déglutir. J'en avais la pomme d'Adam qui se coinçait dans le gosier. Calée je l'étais sur le coup, à la limite de l'étouffement mais bizarrement une heure après ça faisait comme un grand creux dans mon corps.

Ce régime laissant en définitive l'estomac assez vacant l'esprit pouvait s'envoler vers les grands espaces jusqu'à la Grande muraille de Chine ou vers Bénarès qu'il survolait en totale apesanteur. Il se satisfaisait d'être au bord du Gange, fleuve sacré.

Mais au bout de trois jours de ce nouveau péril jaune j'ai jeté par-dessus bord outre mes paquets de riz complet, mes si jolis bols en cloisonné Bleu de Chine peints de beaux dragons vigoureux crachant eux le feu. Pourtant ils étaient bien les seuls à avoir encore la pêche. Oui j'avais mis des atouts de mon côté avec cette belle vaisselle appropriée, ce contenant qui devait primer sur le contenu. Cela aurait dû m'aider à avaler ce qui n'est somme tout que le pain quotidien de millions d'individus, de quoi me plaignais-je ? Zen, zen, il fallait que je le reste mais mon corps s'obstinait à ne pas vouloir coopérer avec mon esprit. Dans mon combat il criait comme un sourd *« y'en a pas marre de me donner que ces misérables grains de riz ! J'en ai ras le bol.* » Le message était clair. J'ai obtempéré très vite sinon c'est mon esprit qui pétait les plombs.

!! *« Oh la, la, la, la.. Déshydrations, carences en vitamines A et C, manque de calcium, insuffisance en fer...* »

N'en rajoutez pas docteur j'ai compris. Quand je vous disais que ce régime n'était pas « zénial », en tout cas pour moi européenne convaincue.

<u>Le régime Américain ou la soupe minceur</u> :

Ce régime est basé sur la consommation à volonté d'une soupe et des aliments différents chaque jour.

La soupe donne une impression de satiété et prévient toute sensation de faim. Plus on mange de soupe plus on perd du poids mais cela sur une semaine seulement en buvant beaucoup de liquide eau « of course » et pas d'alcool. A la fin du septième jour on n'a pas récréé le monde mais on est censé avoir perdu de 3 à 5 kilos ! Pas mal, non ?

Mais premier point noir : pour arriver à faire cette soupe il faut une montagne de légumes et comme chez moi c'est genre maison de poupée où donc allais-je stocker l'équivalent de (attention, inspirez un grand coup) : 42 oignons, 14 boîtes de tomates fraîches, 7 gros choux, 14 poivrons verts, 7 bouquets de céleri en branches, 21 cubes de bouillon de légumes, des bouquets de persil et 42 litres d'eau (car chez moi l'eau est tellement calcaire que je ne prends que de l'eau de source et 42 bouteilles ça prend une certaine place). Il me fallait me frayer un chemin pour parvenir à rejoindre ma cuisinière.

Mais le point noir devenait gros nuage puis pléthore de cumulus menaçants quand on découvrait que le stock ne s'arrêtait pas à cet énoncé vertigineux. On ne nous parlait que de soupe au début et voilà que la liste s'allongeait démesurément car il fallait en outre prévoir pour les à-côtés de la soupe, je vous le livre en vrac : des pamplemousses, des carottes, des choux fleurs vapeur, des citrons, des radis, des courgettes, des pommes de terre, des aubergines, des kiwis, des brocolis, des poireaux, des oranges, des bananes, des poires, des tomates cerise, des tomates normales, des steaks tartares, des fines herbes, des échalotes, du Tabasco, du poisson, du curry, des escalopes de poulet en lanières, des champignons, des navets, du riz brun, des jus de fruits rouges sans sucre, des haricots verts, du poulet sans peau, des concombres à croquer au sel, des jus de pommes sans sucre, du lait écrémé, des céréales.

Ouf ça y est, vous pouvez respirer. Moi je le pouvais de moins en moins dans ma cuisine mouchoir de poche. Je risquais la mort par suffocation engloutie que j'étais sous ces tonnes de denrées. Pire que les 7 travaux d'Hercule réunis combinés aux exploits de Fort Boyard et Kho Lanta réunis que j'avais à accomplir. Rien qu'en faisant ce ravitaillement je devais perdre un nombre conséquent de calories. Car ne disposant pas de garage sous mon immeuble et étant dans l'obligation de me garer où je pouvais dans la rue en centre ville, c'était pas gagné d'avance de parvenir jusqu'à chez moi.

Croulant sous le poids de mes sacs j'avançais au pas d'une fourmi (faut le faire pour la mule que je devenais) chargée à bloc, maudissant les cons qui s'étaient garés sur l'espace minute réservé juste devant mon hall. Je savais que les 5 minutes autorisées se transformaient en heures pour eux ces boulets de la société, ces malhonnêtes, ces incivils. Puis il fallait que je me hisse au troisième étage (ça aurait pu être pire) souvent à pied car l'ascenseur était souvent coincé (voir plus haut les discourtois déjà cités qui eux habitaient en rez-de-chaussée..) Aussi c'est presque à quatre pattes que je finissais ma course sur mon palier, langue pendante, souffle coupé. Mais comme je n'avais que deux bras n'étant pas encore Shiva (le régime précédent aurait pu me transformer) je retournais à ma galère pour rapporter le restant des courses. Oui j'en ai bavé et rien que pour cela j'aurais mérité de perdre immédiatement quelques centaines de grammes voire plus !

En tout cas je ne pensais pas devoir un jour accumuler chez moi autant de bouffe pour maigrir ou alors cela aurait été dans la perspective d'une troisième guerre mondiale avec l'éventualité horrible d'avoir à tenir un siège de plusieurs mois mais bien sûr dans un bunker type F6 au moins ! Pourtant le ridicule ne tuant pas et tenant comme partie négligeable tous les tracas domestiques occasionnés je n'envisageais pas une seconde de ne pas entreprendre ce régime là !

Comment allais-je m'organiser ? Et si j'abandonnais mon job (cela faisait un moment que j'y songeais d'ailleurs quand mon moral battait de l'aile) avec les tonnes de paperasse manipulées chaque jour, mon micro qui me fatiguait les yeux et le dos, mes collègues parfois chiantes (de ce côté-là je serais à coup sûr gagnante). Et si je m'installais marchande de légumes ? Faut pas rigoler, 5 kilos en une semaine ça valait le coup de se surpasser question imagination et logistique, de se gratouiller un peu les méninges. Ou me faudrait-il aller chaque jour acheter tous ces ingrédients indispensables aux aurores pour préparer ma soupe pour la journée. A moins de me lever à quatre heures et ceci chaque matin puis aller carillonner à la porte de mon épicier « *ouvrez-moi la porte pour l'amour de Dieu c'est un cas de force majeure, il me faut mes légumes frais pour ma soupe du petit déjeuner* ».

Bref, je me suis débrouillée, car ce que femme veut Dieu le veut. Oui je me suis débrouillée et j'ai tenu stoïquement les sept jours ! J'avais emprunté à ma maman sa couscoussière ou son couscoussier (mon ordi me souligne en rouge ces deux manières d'orthographier le mot mais le bourricot (je parle de mon ordi) il ne m'en propose aucune de bonne ! Je ne vais pas lui en vouloir il n'est pas pied noir lui). Enfin vous m'avez comprise, la grosse marmite à cuire le couscous et la semoule car bien entendu je n'avais pas de récipient assez grand pour faire autant de soupes en une seule fois.

J'essayais d'en préparer pour tenir deux jours et j'ai répété l'opération trois fois et demi dans la semaine. Mon appartement entier sentait continuellement le chou et moi avec mon odorat hypersensible je n'étais pas de la fête. Comme si l'occupante des lieux que j'étais ne cessait d'avoir des vents.. Durant une semaine j'ai du soigneusement éviter d'inviter quiconque à la maison surtout que je gargouillais vraiment un max.

« *Allo salut, je passe te dire un petit bonjour demain. - Demain ? C'est que je suis désolée, je ne serais pas chez moi. Tu sais toute la semaine qui vient je suis hyper surbookée. C'est affreux le boulot qui me tombe en ce moment, ça dégringole de partout. Pas le temps de dire ouf ! Je te bigophonerai plus tard.* »

Oh la menteuse, mais les amis qui me liront aujourd'hui pourront comprendre ma grande angoisse existentielle et les coliques bien réelles qui me tordaient les tripes à ce moment là. Durant sept jours il est vrai qu'au moindre mouvement on pouvait entendre tous les liquides ingurgités gargouiller dans mon estomac et émettre des sons bizarres quand ils passaient dans ma tuyauterie. J'avais la nette impression d'être une gargoulette ambulante. Sur la porte de mon bureau j'avais du installer une pancarte « *Ne pas déranger – Réunion téléphonique* ». Menteuse hou la menteuse ! Menteuse peut-être mais prudente ! Et si j'allais laisser échapper devant mes collègues un vent malodorant. Et ma réputation dans tout ça ! Les inventeurs de ce régime n'avaient pas songé un seul instant à cette conséquence fâcheuse et perturbatrice !

Et tous ces tourments subis pour quel résultat ? Je vous le donne en mille. Tenez-vous bien ! Ma balance affichait une perte de poids phénoménale de.. deux kilos. Dans l'absolu c'était pas si mal mais j'estimais que ce régime m'avait roulée dans la farine de trois kilos et j'ai toujours eu en horreur qu'on me prenne pour une bille. C'était cher payé en tourments de tous genres pour un si piètre résultat. Merci les ricains, vous ne m'y reprendrez plus !

Aux dernières nouvelles on reparle dans les medias d'un « régime soupe » qui ressemble beaucoup à celui-là mais avec beaucoup moins d'ingrédients. Cette soupe est elle aussi taxée de « miracle » mais je ne demande pas à l'essayer. Mais vous, si le cœur vous en dit..

L'avis du nutritionniste : aucun, étant donné que cette fois je n'ai pas osé lui en parler de peur de sombrer dans le ridicule le plus complet. Promis, juré, craché, je ne recommencerai plus.

Les substituts de repas :

Oui, j'avais juré un peu vite..

Je suis passée à une nouvelle lubie, qui n'en est pas forcément une car pas mal de personnes les aime (les substituts) pour diverses raisons. C'est simple, pratique, rapide. En pharmacie, parapharmacie et même dans les grandes surfaces tous ces paquets bien conditionnés avec de grandes affiches prometteuses n'ont pas tardé à me faire craquer. Vanille, praliné, cacao, café, coco entre autres, tous ces parfums c'est bien alléchant n'est-ce pas ? Un peu lourd pourtant pour un budget mensuel non élastique sans parler de l'effet rebond dès que l'on cesse.

Cette fois encore on ne me demandait pas de faire un effort sur du long terme. Sept jours pour les uns, dix pour d'autres et à la clé de trois à cinq kilos en moins. Hourra ! C'était, pensais-je, gagné d'avance. Oui, enfin presque ! J'ai essayé au moins six marques différentes. C'était l'époque des balbutiements des substituts de repas. Il en existait des salés (très peu) et des sucrés (3 parfums différents en tout et pour tout à cette époque) et essentiellement sous forme de soupes, de barres ou de poudre à diluer. Choix un peu restreint qui s'est bien enrichi depuis assurément mais je ne me suis plus repenchée sur la question. J'ai fait avec ou plutôt sans.

Les journées étaient allégées mais longues comme des jours sans pain ! Matin, midi et soir je sortais précautionneusement comme pour un rituel un grand bol bleu (un cadeau de mon amie Nelly pour m'encourager) dans lequel je jetais la poudre à laquelle je mélangeais délicatement du lait demi écrémé et de l'eau puis vigoureusement je battais le tout. Ensuite je laissais reposer attendant que cela durcisse un peu pour que ça fasse consistant, bref pour me donner l'illusion d'avoir un vrai bol de tambouille. En attendant que ça prenne je salivais. Ensuite munie d'une petite cuillère j'attaquais ma maigre pitance (avec une grosse cela aurait été trop vite) censée me faire tenir sans creux à l'estomac jusqu'au soir. J'essayais de faire durer autant que possible les quelques cuillerées à avaler. Je les tournais dans ma bouche longuement avant de déglutir, pire que tourner sept fois sa langue dans sa bouche avant de dire une ânerie (encore, encore, je sais vous l'avez déjà lu oui je vous l'accorde mais certains rituels se répètent donc j'avais déjà un certain entrainement c'est la raison pour laquelle, se faisant, je ne dis plus trop de sottises).

Mais hélas j'avais beau faire durer le plaisir c'était toujours trop vite mangé. Alors la dernière cuillerée avalée je fuyais de la cuisine et essayais de m'occuper à tout autre chose pour éviter de penser à la bouffe mais finalement à tourner et à virer il n'empêchait que j'avais bien encore comme un drôle de petit creux du côté de l'estomac. Je n'ose parler de gouffre car la faim se doublant de la frustration engendrait en moi des profondeurs abyssales.

Vers 16 H démarrait une espèce de tachycardie infernale qui m'aurait fait avaler n'importe quoi. J'avais déjà un œil sur l'horloge tandis que l'autre lorgnait sur le prochain sachet de substitut de repas. Ah je vous le dis, ces substituts ont failli me rendre à jamais bigleuse. Pourtant je m'accrochais comme une naufragée sur son radeau, je m'accrochais ferme en voyant les spots publicitaires. Je voulais me convaincre que je n'avais qu'à avoir un peu plus de volonté et ça irait comme sur des roulettes. Hyper motivée les premiers jours, oui, mais le soufflé de l'espoir que je nourrissais (si chichement) est hélas vite retombé !

Pour le goût y'a rien à dire, c'est plutôt bon au début puis on commence à saturer. Ce n'est au final que de la bouillie plus ou moins liquide ou des barres. Si j'avais tenu à manger si frugalement j'aurais postulé pour être cosmonaute (encore que leurs plats déshydratés doivent être plus diversifiés et plus savoureux que ça).. Sur terre on a besoin de s'attabler, de prendre fermement en main un couteau et une fourchette pour attaquer une nourriture digne de ce nom. J'ai tenté de me rassurer, de me conforter dans ce choix alimentaire en me disant « *c'est plein de vitamines voyons la compo : il y a des sels minéraux, des oligoéléments et patati et patata..* » Et puis, autre argument pour m'auto convaincre « *bof ça va pas durer éternellement. Qu'est-ce que c'est quelques jours au regard de toute une vie ??* » Oui je ne suis jamais à bout d'arguments pour rassurer la folle du logis. « *Allez ma vieille tu vas tenir. Tu ne peux pas faire moins que X ou Y qui a retrouvé avec de la persévérance une ligne idéale. Tiens bon, encore un peu..* »

Tenir, tenir.. Oh et puis merdouille que je me suis dit un jour en jetant l'éponge. J'en ai ras le c..., les chaussettes... ou la casquette, au choix.. pour rester polie. Excusez-moi ce sont les nerfs qui lâchent. Je suis très séante d'ordinaire. Mais là sur ce coup j'ai vraiment été très, très énervée car j'y avais mis tellement de bonne volonté. Enfin pas autant que ça puisque j'avais jeté l'éponge..

L'enfer du décor

Je dois le dire, je me suis beaucoup déçue sur ce coup là ! Une grosse déprime perso. Trop investie et puis crac, boum, hue je craque. C'était ma faute, ma très grande faute si cela n'avait pas marché. Je n'avais qu'à tenir, sacré bon sang de bonsoir. Je m'la jouais coupable sévère, sans circonstances atténuantes. Mais voilà tant pis pour moi. J'avais arrêté les frais. Quand on pense être aussi nulle autant s'achever.

Notre Bri-Bri nationale chantait « *tu veux ou tu veux pas, si tu veux pas tant pis, j'en ferais pas une maladie..* » Voilà je ne voulais pas, je ne voulais plus. Y'avait pas à en faire un fromage. Ou plutôt si, pourquoi pas ? Hum, un bon camembert bien coulant pour se sentir vivant !

Les nombreuses mais courtes périodes de substituts de repas même à répétition ne m'ont pas fait perdre grand-chose si ce n'est ma foi en eux. Il aurait fallu peut-être, je dis bien peut-être – rien n'est moins sûr - que je continue sur plusieurs semaines, voire des mois, voire à vie ou que j'en prenne à intervalles réguliers, un jour ou deux par semaine à côté de repas normaux ? No lo se ! Franchement je n'arrivais pas à me projeter dans un avenir fait que de sachets de poudre (!!) ou de canettes de liquides. Autant m'abattre tout de suite. Et sans parler de la vie sociale. Vous vous voyez vous, invitée quelque part, demander à la maîtresse de maison un bol d'eau chaude pour délayer votre poudre et ça pendant que les autres, les « normaux » se régalent eux de bonnes choses consistantes et odorantes et goûteuses. Ah le goût des vrais aliments et la consistance, on ne s'en aperçoit jamais autant que lorsqu'on en a été privé. Mâcher, saliver, faire fonctionner toutes ses papilles gustatives.. Mais aussi humer ! Ah les odeurs, le fumet..

« Allez, allez, du balai » que je me suis dit. J'avais tenu pourtant, presque jusqu'à l'épisode *« ajoutez à vos trois boîtes règlementaires quelques modestes légumes ou des fruits »*. Presque j'ai dit, presque ! Donc forcément un peu trop tôt. Yes, mais oui chef, d'accord chef, trop précocement mais il faut dire à ma décharge que j'en avais un peu marre et c'est un doux euphémisme. Je comprenais que sans cet apport supplémentaire fort modeste au demeurant je risquais de craquer. Mais crac le lendemain c'est le couperet qui est tombé aussi sec. Cette maudite aiguille de la balance oscillait résolument (aïe, aïe, aïe) vers la droite. C'était enrageant. Mon corps c'était évident n'appréciait pas ma manière de le traiter et il me le faisait savoir abruptement.

« Que des protéines je t'ai dit bourrique ! Tu as ajouté trop tôt des fruits.. mais pour qui tu te prends avec de pareilles initiatives ? » Là c'est ma balance qui me parlait. Je suis descendue alors de la responsable de mon calvaire. Je l'ai secouée sans vergogne. Le mécanisme était sûrement déréglé c'était pas possible autrement.. Juste des courgettes et une pêche en plus ? Faut pas rigoler quand même ! Je suis remontée dessus. Même phénomène d'attraction vers la droite. Elle avait perdu le nord et le cherchait à n'en pas douter.

« Alors tu vas te décider à me donner le bon poids » ? Non une vraie tête de mule. Alors à nouveau impatience, énervement, re-descente mais cette fois avec un grand coup de pied dans l'engin récalcitrant. Zen, on se calme, on respire un grand coup. Allez, remise à zéro et on répète la même opération deux fois, trois fois, quatre fois avec quand même une certaine et irrépressible montée d'adrénaline. Peut-être pas l'adrénaline d'ailleurs parce que, pire que le stress, c'était la colère qui montait en moi. Je devais avoir en ce moment de grandes quantités d'hormones libérées puisque mon système nerveux sympathique (ou pas) était en train de réagir violemment à la colère. Devais-je entamer une lutte perdue d'avance contre cette machine ou la fuir comme la peste et le choléra réunis ?

« *Obstinée comme trente six mules* », aurait dit mon papa qui l'était aussi, pire que mon pèse-personne oui je l'étais. A croire que ma seule volonté allait influencer la direction de l'aiguille. Rien à faire. J'avais sous mes pieds un adversaire qui ne voulait rien entendre, ni les bons ni les mauvais traitements. Pire elle semblait me narguer. A force de rester dessus complètement immobile sans même oser respirer – l'air inhalé dans les poumons au fait ça pèse combien – l'aiguille reprenait ironiquement et tout doucement sa course vers la droite.

Putain de balance, c'était pas croyable, cette chose impavide et sans états d'âme avait eu raison de moi. Furieuse, ma journée définitivement gâchée je ne me pesais plus avant.. le lendemain matin ! On ne dira jamais assez la tyrannie perfide de ces engins, leur despotisme indifférent. Ah cette souffrance idiote à laquelle on tient pourtant et que je m'imposais chaque matin. Un esclavage consenti en quelque sorte. Et j'étais tellement contrariée que je me suis trouvé - a contrario - autant de bonnes raisons pour arrêter les frais que celles qui m'avaient poussé à entreprendre ce régime.

Mon nutritionniste m'a affirmé que ces substituts de repas n'avaient aucune réelle utilité dans la perte de poids. « *Vous perdez évidemment mais de l'eau et des glucides plus que de la graisse. Pris sur une longue durée on craint davantage la reprise de poids dès leur cessation. Ce sont de faux amis et de vraies chausse-trappes dans lesquelles il est préférable de ne pas tomber. Cependant,* a-t-il ajouté, *ces substituts peuvent éventuellement et ponctuellement vous aider au lendemain d'un repas trop copieux ou en remplacement d'une pizza ou d'un gâteau que vous prendriez à la place d'un repas ou encore pour amorcer un régime intelligent. Cela peut être un bon starter. Dans ces cas seulement ils deviennent des solutions agréables, pratiques et efficaces.* »

Je dois ajouter que la gamme des substituts de repas s'est considérablement enrichie et diversifiée depuis ma première rencontre avec eux. On peut craquer pour de nouveaux potages au poulet, des purées « œuf provençal », « poulet à l'estragon », briques à repas, milk-shakes, goûters aux pommes, des boissons drainantes au thé, des moelleux, des galettes, des biscuits.. Alors pourquoi ne trouveraient-ils pas leur place dans une alimentation déjà équilibrée après des « extras » ? Pratiques, rapides, bons ils nous permettent de ne pas dire toujours non aux tentations de la table. Aussi au lieu parfois d'avaler n'importe quoi quand on n'a plus le temps même de respirer les substituts de repas nous sauvent d'erreurs comme le cornet de frites, le sandwich saucisse mayo, la pizza prise sur le pouce mais ingurgitée quand même.

Toutefois cela ne doit pas devenir une habitude, une manière ordinaire de manger. Pour cela il est préférable de regarder du côté de mon régime. Si je ne prêche pas pour ma paroisse qui le fera ?

<u>Les nouvelles générations de produits de nutrition</u> :

Je ne citerai aucun nom mais ces produits ressemblent étrangement à des substituts de repas.

Hyper protéinés, spécialement conçus pour optimiser des méthodes séquentielles et complémenter les régimes basses calories. Ces grands mots ça fait bien, n'est-ce pas qu'on commence à être impressionnée ? Je vais être plus claire : une séquence est constituée d'une courte phase de perte de poids (environ 3 jours) suivie immédiatement par la phase de stabilisation (4 jours) dans la même semaine.

Un protocole doit être suivi sur des cycles de 3 semaines consécutives. Il parait que les dépenses énergétiques de l'organisme ne sont pas diminuées comme dans les régimes restrictifs de longue durée. Toujours d'après le protocole la perte de poids serait continue et durable. Le rééquilibrage alimentaire serait favorisé par le maintien d'une vie sociale et familiale agréable.. Enfin pas trop les 3 premiers jours des 3 semaines d'affilée ! L'utilisation de tout autre produit au cours de ce protocole exposerait à une faible efficacité et des risques de reprise de poids ou de carences. Pas question de badiner avec ça !

Ce régime est-il fiable ? Je ne le sais pas je ne l'ai pas expérimenté à cause, d'une part de son coût, d'autre part de sa teneur élevée en protéines – j'en connais trop les effets rebonds mais surtout parce qu'avec ma propre méthode je suis pleinement satisfaite, ça marche et ça me revient moins cher. Que demander de mieux et de plus ?

Mais ma curiosité vis-à-vis des régimes demeure pourtant intacte – j'aime bien savoir ce qui se passe autour de moi et être au courant des nouveautés même si je ne reviendrais pas à tout cela, c'est pourquoi j'ai voulu vous parler de ces préparations, (pas toutes évidemment puisqu'il y en a à profusion) qu'on trouve actuellement sur le marché.

Parlons encore des patchs :

Voilà qui est original enfin plus tellement on s'habitue à tout et on ne s'étonne plus de rien !

Des patchs pour aider à cesser de fumer, d'autres pour diffuser des hormones et d'autres pour maigrir. Vive le progrès ! Ces derniers sont censés accélérer le métabolisme et déclencher la combustion des graisses. Le principe en est une plante qui pousse à l'état sauvage dans une certaine partie du monde. Où ? Ne me le demandez pas, ce n'est pas spécifié sur les dépliants publicitaires. Et cette plante a, parait-il, (j'insiste sur le parait-il car je ne l'ai pas étudiée) des pouvoirs amaigrissants ultra rapides et durables. Je cite : « *elle peut aujourd'hui donner toute sa mesure grâce à ces patchs autocollants.* » Je lis encore « *méthode sûre pour brûler les graisses sans sauter de repas, sans prendre de cachets ni de pilules nuisibles à la santé, sans s'interdire aucun aliment, sans modifier l'équilibre chimique de votre corps. Et ce ne sont pas des paroles en l'air.* »

Voilà ce qui est écrit noir sur blanc. Et puis plus loin « *on mange à sa faim, on ne fait pas de gymnastique et on maigrit quand même. Peu importe les quantités d'aliments que vous consommez ou votre degré d'activité physique.* » Toutes ces certitudes et ces promesses assorties de témoignages époustouflants. « *Avec les patchs j'ai maigri en quelques jours.. J'ai vu fondre mon corps.. En 2 mois une perte de 21 kilos..* » etc, etc. No comment !

Je vous laisse seules juges mais j'ai bien rigolé quand j'ai découvert écrit en minuscules – il fallait presque des loupes mais depuis le temps je m'en suis achetées !! – « *le patch ne peut aider à maigrir que dans le cadre d'un contrôle d'apport calorique.* » Voilà qui modifiait légèrement la donne. Autrement dit il faut quand même faire attention à ce que l'on mange sinon le miracle n'a pas lieu ! Quel bla-bla que je suppose mensonger ou à tout le moins erroné quand on peut lire encore : *« les effets de ces patchs apparaissent dès les premiers jours, des millions de cellules adipeuses fondent comme neige au soleil dès les premières 24h ».* L'image est très évocatrice et ensorcelante, ça peut donner envie, mais..

Vous y croyez vous ? Ils nous prennent pour des lapins de six semaines. Trop, c'est trop !

Attention à toutes les promesses mirobolantes mais fallacieuses et regardez (avec un microscope s'il le faut) toujours les dernières lignes à peine visibles.

Mais comme pour toutes les méthodes que j'ai essayées je ne vous donne qu'un avis très personnel et libre à vous de tester, d'essayer et de faire votre propre opinion. Ce qui ne m'a pas réussi peut vous convenir ? Qui sait ?

Depuis que j'ai rédigé ces pages il y a eu encore de nouveaux régimes, des promesses et encore des promesses avec des filles genre mannequins se vantant d'avoir perdu du poids avec X machin ou Y truc.. des légumes très chocs (pas de pub!!) du moins c'est ce qui est énoncé avec force.. avec du café non torréfié en stick qu'une mère de famille a découvert *accidentellement* (?) et qui permet de mincir *sans régime* (24 kilos en 2 mois, oup's si c'est vrai c'est impressionnant).. A mais oui c'est qu'il doit être drôlement concentré cet extrait de café vert non torréfié et décaféiné. Le métabolisme n'a qu'à bien se tenir. Super café est là. Pas besoin de boire 100 tasses de café, 1 stick en est l'équivalent. A lire l'ensemble de ses vertus cette cure - puisqu'on ne peut évidemment pas parler de régime - vous change carrément la vie. Je n'ai pas essayé donc je ne peux pas m'inscrire en faux mais avouez.. Mon doute est sous jacent. Mais je le répète, je ne donne aucune consigne et je n'interdis à personne d'essayer si l'envie lui chante.

Et d'autres réclames (il y en a pléthore) qui énoncent doctement que perdre du poids après 35 ans, (ciblant ainsi les vraies femmes, les « mûres » d'après eux – alors là j'ai cru que j'allais faire une crise cardiaque en lisant cela !!), c'est pratiquement peine perdue. Donc vouloir maigrir à partir de 35 ans n'est plus la même chose que de maigrir avant (CQFD) à cause de la diminution de certaines hormones. L'hormone qui régule votre appétit va se faire la malle et à la place celle de la faim telle une sauvage brusquement libérée de l'enclos où vous les moins de 35 ans la teniez bien enfermée va bouleverser votre comportement alimentaire ! Wouaouhh !!! Mesdames il vous faut absolument en prendre conscience !! Allez réveillez-vous mes sœurs ! En plus vous femmes dite « *mûres* », vous allez obligatoirement stresser et manquer de sommeil. Normal quand on a un fauve en soi qui veut tout bouffer et que votre organisme ne fonctionne désormais qu'au ralenti..

Ah la nature n'est pas sympa du tout qui impose ce calvaire aux femmes qui passent la trentaine. Mais alléluia ! Des chercheurs amis de ces femmes là viennent à leur secours. Oh ! Merci messieurs les chercheurs sauveurs de vous venir vous attaquer à ce grave problème qui engendre une accumulation de graisse au niveau du ventre, des fesses et des cuisses. Quel tableau attrayant ! Et mesdames inutile de courir à votre salle de sport, ni de faire des régimes, RIEN de rien, RIEN ne fonctionnera hormis leurs gélules miracles, uniques !! Alors pas une seconde à perdre, commandez les vite.

Il est évident que vous avez saisi mon ironie latente. Car moi j'ai dépassé aujourd'hui les 70 ans printemps et, emplie de sagesse et non pas de graisse, je peux en témoigner. Je n'ai jamais pris leurs pilules ni quoi que ce soit de médical. Je n'ai rien payé, pas un euro de dépensé et j'ai retrouvé une ligne qui me sied (après tant de vaines tentatives). Nonobstant je me dis que pour eux je ne dois être qu'un vieux tromblon dérangé puisque j'ai deux fois l'âge d'être mûre (d'après eux, mais il se peut qu'aujourd'hui ça commence juste à être vrai – pour l'âge d'être mûre évidemment pas pour le gâtisme précoce). A leur avis mon cerveau ne doit plus ressembler qu'à une infâme bouillie baveuse. Beurk !! Rien n'est moins vrai, je vous rassure.

Il y a aussi ces mères de famille, jeunes ou moins jeunes qui ont suivi dans l'enthousiasme le plus complet une « méthode » qu'elles ont soi-disant tant aimée et qui leur a fait perdre en des laps de temps très courts des tas de kilos incroyables et en plus en se simplifiant la vie.. Plus de courses à faire, dit la pub, des plats tout prêts, succulents, variés et livrés (sans frais supplémentaires.. mais quand on sait combien cela coûte pour un mois on se dit que le prix de la livraison n'a pas été oublié !!)

Et là franchement je rigole de plus en plus (enfin plutôt jaune) car pour en avoir « apprécié » quelques exemplaires j'ai cru que ces plats c'était de la pâtée pour chiens que je servais à table... Pas étonnant qu'on maigrisse avec ça si on doit jeter tous les mets dès qu'on a enlevé l'opercule.. Cher, vraiment très cher pour ce que c'est ! Je ne m'autorise pas à donner des noms, ceux qui ont essayé reconnaîtront facilement ces plats si savoureux. Et tant mieux pour ceux qui apprécient. Des goûts et des couleurs, hein ?

J'avoue que j'ai failli (nous avons failli mon époux et moi) nous laisser prendre complètement (puisque ce n'était pas des gélules mais des plats cuisinés). Mon mari entrainé par mon enthousiasme avait décidé de s'associer à mon projet d'amaigrissement. Les noms ronflants et pompeux des plats concoctés laissaient présumer une cuisine de chef. Rien qu'à les lire on avait l'eau qui venait à la bouche.

Las ! Déception ! Désillusion ! Désenchantement et déplaisir ! Au fur et à mesure des jours, mon époux ne pouvait plus réprimer le pauv'chéri des répugnances. Il ouvrait les opercules des plats comme s'il craignait de dégoupiller une grenade avec une mine à aller se jeter dans une rivière un jour d'hiver et quand il découvrait le menu du jour il disait que c'était pas humain de s'infliger de pareilles tortures. Pauvre homme !

Finalement un jour, un beau jour pour lui j'ai eu pitié d'autant plus que moi aussi j'en avais assez mais je ne voulais pas l'avouer because le fric investi.. J'avais misé sur le mauvais cheval, il fallait le reconnaitre et gaspillé l'argent du ménage inconsidérément. Oui l'illusion avait fait long feu. J'ai fini par jeter à la poubelle avec la rage au ventre au bout d'une quinzaine de jours tout ce qui nous restait en plats préparés pour finir le mois car mon mari s'est mis à me regarder carrément de travers à chaque repas. « *Tu me sers encore ça ? Mais c'est de la maltraitance, quand est-ce que tu vas me préparer tes propres plats qui sont mille fois meilleurs y'a pas photo* ». Hou la la, je subodorais qu'une crise conjugale allait être déclenchée si je m'obstinais à lui présenter pareille cochonnerie immangeable. Il fallait régler ce problème vite fait bien fait ! Puisque dans ma tête j'avais fermement décidé de me prendre en main alors j'allais faire appel à mes propres ressources. Pour cela je n'étais pas à court d'idées.

Evidement « on » m'a pénalisée car nous nous étions bêtement engagés - hypnotisés par leur communication bien orchestrée mais à mon humble avis un peu biaisée - à poursuivre cela durant 3 mois. Trois mois avec eux c'était pire que le bagne. « On » a essayé de nous convaincre puis de nous proposer de ne plus mettre dans leurs menus certains plats que nous ne trouvions franchement pas bons. Puis de nous rajouter d'autres produits pour booster la perte de poids (en payant un supplément, leur extrême bonté commerciale n'allait pas jusqu'à offrir quelque chose). Mais nous ne nous sommes pas laissé fléchir. Nous avions compris et tiré des enseignements. Nous ne voulions plus rien avoir à faire avec eux. Donc pan ! Il fallait payer pour notre erreur ! Pas très commercial de leur part mais ils perdaient d'un seul coup 2 clients sur du plus long terme.

Quand je vous disais que « on » c'est un con ! Je l'avais nettement en travers du gosier mais j'ai préféré largement perdre encore de l'argent que continuer sur cette voie mal engagée et c'est un doux euphémisme.

Car des sous j'en avais pas mal perdu étant donné que « *plus de courses à faire* » était encore une galéjade ! Il m'avait bien fallu acheter tout ce qui n'était pas fourni avec les plats, comme les laitages, fromages blanc, petits suisses, yaourts et aussi les fruits et les légumes, des salades, concombres, tomates, oignons et j'en passe pour préparer nos crudités de début de repas qui nous étaient fortement conseillés par une coach que nous n'avons entendu qu'une fois d'ailleurs – et bien que ne figurant pas dans leur menus hebdomadaires..

Oui en 15 jours nous avons perdu un peu de poids c'est exact mais à quel prix ? Les repas devenaient des moments redoutés et nous sortions de table très mécontents et contrariés. Plutôt perdre maintenant encore de d'argent que de continuer à ingurgiter cette cuisine que nous jugions infâme - et pourtant d'après leurs dires - préparée par des chefs et des nutritionnistes. Je ne sais pas où ils ont appris leur métier mais plus mauvais que ça, faut le faire ! Cela n'engage que moi, Mon mari et moi avons peut-être le bec trop fin et sommes-nous trop habitués à manger un autre genre de cuisine ? Alors je vous martèle chaque fois la même chose peut-être que d'autres personnes y auront trouvé leur compte !! ??

Tous les goûts sont dans la nature dit-on mais décidément ce n'était pas possible pour nous de pouvoir apprécier cette cuisine là ! Par simple curiosité puisque nous avions refermé cette page nous avons interrogé quelques personnes ayant suivi ou ayant essayé de suivre cette méthode et elles ont été unanimes. A moins de se forcer un max on ne peut avaler de gaieté de cœur cette cuisine dite pourtant « *succulente et variée* » à moins que les mots n'aient changé de sens ? A vérifier dans le dico de la nouvelle édition !

Tous les goûts sont dans la nature
mais les nôtres sont les nôtres et on y tient !

VIII

Premières conclusions
Premiers enseignements

Voilà j'ai fait un tour d'horizon non exhaustif de différentes méthodes d'amaigrissement. Je n'ai parlé que de ce que j'ai expérimenté moi-même, c'est plus juste et honnête. J'ai mentionné également d'autres méthodes sans les avoir pratiquées c'est pourquoi je n'ai pu émettre que des doutes mais je n'écarte pas pour autant le fait qu'elles aient pu réussir à d'autres personnes. En tout cas ce bilan personnel n'est pas vraiment positif sauf à dire que de toute expérience même et surtout négative il faut en tirer des enseignements.

Je vous relatais à la fin de chacun de ces régimes ce qu'un ami médecin nutritionniste en pensait. Nous nous connaissions bien et je savais pouvoir compter sur son avis éclairé. Il s'est arraché souvent les cheveux à cause de moi et de mes égarements. Je lui ai fait confiance mais je ne pouvais m'empêcher d'aller papillonner ailleurs que sur ses plates bandes. Il connaissait mon parcours personnel et mes histoires d'amour et de ressentiment envers les régimes. Comme un ami peut le faire il a eu beaucoup d'indulgence envers moi. « *Et encore*, m'a-t-il dit, *tu n'as pas eu la folie de prendre des coupe-faim, des breuvages douteux ou celle de faire des cures stupides à base de poudre de perlimpinpin..* »

Par ma foi j'ai su raison gardée malgré tous mes déboires finalement limités.

Certaines fois cela m'a été malaisé d'en parler surtout qu'avec le recul on s'aperçoit qu'on a été une naïve aussi idéale – en d'autres termes une idiote finie – quant aux miracles pré supposés de tous ces régimes. C'est vrai aussi qu'il est normal d'être attiré(e)s dès le printemps et à l'approche de chaque été par le chant des sirènes et Dieu sait qu'elles savent y faire pour nous prendre dans leurs filets.

Mon ami a parfois souri derrière ses reproches mais j'ai senti chez lui une certaine compassion pour la misère profonde de toutes ces personnes (essentiellement les femmes) en quête d'un idéal jamais atteint. Il ne faisait pas référence à des femmes en vraie surcharge pondérale pour lesquelles les railleries ne sont pas de mise (pas plus que pour quiconque d'ailleurs) mais à celles qui chipotent pour de misérables petits kilos qui débordent un peu du maillot de bain mais qui ressentent elles aussi, pourquoi en douter, un vrai malaise. Chacune est dans sa propre peau et seule elle-même connaît son degré de souffrance et peut en parler. Donc respect !

Une certaine compassion disais-je mais aussi autre chose, comme une incompréhension. Comme beaucoup d'hommes il ne dédaigne pas (je le sais, il me l'a dit et il préfère même parfois) de jolies rondeurs bien placées vous voyez ce que je veux dire ! Une belle paire de nénés n'est pas pour lui déplaire sans parler d'un petit ventre bien rebondi où pouvoir poser sa tête pour se faire câliner et que dire de fesses bien pleines ! « *Pourquoi donc*, a-t-il dit, *excepté pour le mannequinat, pas mal de femmes se veulent-elles plates comme des planches à pain ? Demandez mesdames aux brésiliens ce qu'ils en pensent (des fesses, pas des régimes) ou aux africains pour qui une belle femme est une doudou bien rebondie »*.

Des goûts et des couleurs on pourrait en discuter longuement. Mais aussi des diktats imposés par une société où une certaine presse met la pression continuellement sur l'apparence. Comment s'en accommoder, composer avec.. ou refuser d'être des moutons de Panurge. Nous on veut simplement être « nous » comme on l'a décidé et ne pas dépendre du regard des autres.

On n'est pas des moutons de Panurge. Bêêêê....

IX

Deux questions essentielles : Quel est le bon poids et Pourquoi dois-je faire un « régime » ?

Quel est le bon poids ? D'abord pour qui ? Un homme ? Une femme ? Une ado, une adulte, une personne plus âgée ??

Finalement **le bon poids** n'est-il pas celui dans lequel **on se sent bien**. C'est celui de notre forme, pas de nos formes, celui qui correspond à notre morphologie et à l'idée que l'on se fait de comment on est et comment on aimerait être. Que nous dit notre propre miroir ? Qu'importe la balance, qu'importe le regard des autres. Seul le vôtre vous dira intimement si tout va bien, s'il y a correspondance entre l'idée que l'on se fait de soi-même et ce que l'on voit. Restez objectif. Ne dramatisez pas. Ne vous empoisonnez pas la vie. Souriez et croquez-la à pleines dents.

Mais si vous n'êtes pas convaincue par ce genre de discours et que vous pensez que décidément sans ces quelques kilos qui alourdissent votre silhouette vous vous sentirez bien mieux alors je vous invite à faire un petit bout de chemin ensemble. Il y a toujours des solutions si vous voulez changer votre image.

Pour commencer on ne parlera pas de « régime », ce mot je ne l'aime pas d'autant plus qu'il ne s'applique pas du tout à la manière de s'alimenter que je vous propose. Oui, on y vient, on y vient ! Nous allons apprendre peu à peu à manger autrement.. et mieux. Nous allons apprendre aussi à choisir nos aliments et à respecter une certaine chronologie dans leur prise. Au début il y aura certains aliments à éviter ou à prendre modérément mais il n'y aura pas d'interdits à vie. Parlons plutôt de repenser ses priorités et d'adopter un nouvel art de vivre.

Pourquoi adopter une nouvelle manière de m'alimenter ?

Oui pourquoi ? On rêve longtemps de changer de cap, d'être autre chose que ce que l'on est. Mais il n'y a pas qu'une nouvelle silhouette qui nous devrait nous motiver. Certainement que c'est très agréable comme perspective mais il y a aussi la question primordiale de la santé. Si on avait moins de poids peut-être (sûrement) nos articulations nous diraient elles merci. Et le souffle que l'on retrouve pour monter les étages ou courir après son bus. Et un meilleur sommeil souvent perturbé par des repas trop lourds surtout le soir ? Et des réveils la tête plus légère ! Et moins ou pas du tout de cholestérol et du diabète (je parle de ce qui est induit par les aliments consommés à l'excès ou inconsidérément).

Oui le corps humain est une machine merveilleuse à respecter et à entretenir mais en tout cas pas par des régimes dits miracles, ça n'existe pas. Je n'y crois plus pour ma part et cela n'engage que moi. Pas plus qu'aux pilules mangeuses de graisse, boostant vos pertes de surcharges pondérales.. Ni le recours à des médicaments d'aucune sorte. Je ne crois qu'au naturel, au frais, au vrai. Donc il ne faut pas risquer de partir dans le mauvais sens, dans tous les sens et parfois dans les sens interdits. Juste manger intelligemment, raisonnablement et sagement tout en ne tombant pas dans la monotonie, la tristesse ou dans l'insuffisance.

Je ne vais pas vous obliger non plus à courir dans des salles de gym ni à faire des exercices fastidieux si ce n'est pas votre truc. Non rien de tout cela. Juste se bouger un peu (faut bien quand même), grimper des escaliers en oubliant l'ascenseur (sauf si on est chargé(e) de courses comme un baudet à la peine) ou/et aller de temps en temps acheter son pain ou son journal à pied, sortir plus souvent son chien, laisser le métro ou le bus deux stations avant d'arriver (mais là il faut avoir prévu du temps pour ne pas se faire engueuler régulièrement par son boss ou faire toussoter la badgeuse...)

Je vous parle de la vraie vie celle dans laquelle on se sent bien vivant(e). N'est-ce pas qu'on commence déjà à se sentir mieux ? Bref une **nouvelle manière de manger** c'est pour se sentir davantage en accord avec ses aspirations profondes, fière de soi et en meilleure santé. Pas mal comme programme ! Vous ne trouvez pas que ça vaut le coup ?

Plutôt qu'un régime, disons donc un nouvel art de vivre !

X

Parlons peu mais parlons clair

Lassée donc de toutes ces extravagances culinaires et ayant enfin pris conscience de mon incorrigible naïveté, je retournais voir mon ami nutritionniste. Je souhaitais recevoir non pas son absolution mais repartir avec lui qui avait eu toutes les patiences avec une nouvelle prescription « miracle ». Il m'a écoutée sans porter de jugement heureusement sinon j'aurais tout de suite pris la porte. Il m'a parlé d'un régime dissocié sans en être vraiment un, harmonieusement réparti dans la journée. Je l'ai trouvé sensé mais pas absolument à mon goût, j'ai souhaité l'aménager à ma manière. A certains égards je le trouvais trop rigide pour être suivi avec plaisir et surtout poursuivi durant la période de stabilisation jusqu'à obtention des résultats souhaités. Et échaudée je ne voulais plus m'en remettre aveuglément aux diktats de qui que ce soit, fut-ce un ami ! Je ne remets pas en cause ses conseils précieux mais ma perception de ce qui devait être ma manière de m'alimenter était à présent plus claire et bien mieux définie. Les expériences, si ça sert rarement aux autres il fallait bien qu'au moins elles me servent à moi.

J'allais donc me concocter, seule mais aidée en cela par mes connaissances et mon intuition profonde un régime tel qu'il serait forcément le BON pour moi. Je disais régime car depuis le temps ce mot avait fini par s'incruster jusqu'au plus profond de mon cerveau. Donc je me corrige, je parlais plutôt de règles alimentaires. Si je consentais à m'y soumettre c'est que je ne m'imposerais pas de challenge impossible. Premier point positif ! Deuxièmement je renoncerai à vouloir maigrir vite, trop vite. Troisièmement je n'essaierai pas de « faire mieux » que ce que je me serais fixé au départ. Bref je ne serai pas mon propre tourmenteur. Je ne mettrai pas la barre trop haute au risque de me casser la figure très vite. Sinon l'effet boomerang de la frustration risquerait d'être vraiment violent, ça c'est radical. A ne pas s'offrir un petit carré de chocolat si l'envie nous en prend c'est la tablette entière qu'on engloutit la fois d'après ! Pareil pour les gâteaux.

Je savais par avance que j'allais céder parfois à une envie pour éviter un sentiment de privation mais j'allais faire preuve de contrôle, il fallait que je m'y habitue mais pas de lamentations ! C'était préférable à ces régimes qui bannissent totalement certains aliments !

Je pense qu'il y a deux clés essentielles dans l'existence, des clés à tiroirs que l'on devrait ouvrir plus souvent et consciemment.

<u>**1ère Clé**</u> **: Prendre raisonnablement le temps, « notre temps » et un temps pour chaque chose.**

Tout doucement, oui ce changement je l'ai fait tout en douceur, je me suis ainsi réapprise. Je suis allée à la rencontre de la personne qui m'était la plus chère : moi ! J'ai réappris à m'écouter vraiment effaçant les rumeurs parasites et j'ai réappris à arrêter de courir comme une dératée. J'ai réappris à respirer, c'est très important la respiration, on croit que c'est inné et bien non il faut réapprendre – enfin j'ai réappris à m'aimer. J'ai arraché l'écharde plantée au fond de moi depuis tellement longtemps. Je me suis accordé le droit de faire ce que j'aime le plus souvent possible, de rire de tout et surtout de rien, de ne pas faire une montagne d'une taupinière, de me soustraire le plus possible à ce qui ne chante pas dans mon cœur et de dire enfin clairement ce qui ne va pas quand ça ne va pas.

Mais j'ai appris aussi se faisant à surveiller d'un peu plus près mes habitudes de vie, toutes mes habitudes. J'ai appris à **me contrôler**, à **cultiver ma volonté** et à faire de l'alimentation saine **un véritable mode de vie** de manière à réaliser **avec conscience et raison une manière de me nourrir qui ne s'appellerait pas régime et surtout pas « Sanction ».**

La lenteur en ce cas précis et la douceur conviennent mieux que la révolution d'autres méthodes.

<u>**2ème Clé**</u> **: Etre attentif d'un peu plus près à notre manière de vivre et nos comportements même ceux paraissant les plus insignifiants.**

♥♥ ♥♥ <u>**Les aliments :**</u> ce que je mange, comment je mange et quand je mange !! Ne serait-ce qu'un quignon de pain, de pain bien chaud, odorant et croustillant. Ce pain de vie, notre baguette française tout juste sortie du four et légèrement beurrée pour accompagner notre café du matin. C'est super bon mais il ne faut pas croquer la baguette entière sous ce prétexte quand même ! Et je ne parle pas des viennoiseries, pizzas, frites, saucisses..

♥♥ ♥♥ **Les liquides :** L'eau qui m'hydrate et m'embellit, celle que je bois ou vaporise sur mon visage, le premier geste du matin. L'eau qui nettoie et vivifie, celle de mes douches, celle de mes bains, celle qui me lave de mes soucis. L'eau qui me porte et me délivre du poids de la terre, celle de la mer, de la rivière, de la piscine. Celle qui clapote sur la chaussée ou tambourine à ma croisée, celle qui murmure dans une fontaine, celle du ciel sur nous tombée, la pluie amie discrète. L'eau si précieuse. Et l'eau ne nous fait pas rouiller ! Avec elle on peut se lâcher complètement..

♥♥ ♥♥ **L'air :** la première inspiration consciente du matin. Bonjour le jour ! Je suis vivante et quoi qu'il arrive aujourd'hui je décide que cette journée sera belle. Rien ne pourra entamer ma joie de vivre. L'air qui emplit largement mes poumons, celui de la campagne vert et léger, celui plus salé et iodé des grèves de l'Océan ou atténué de ma chère Méditerranée ou encore celui plus piquant et mordant des sommets enneigés. Celui du cœur des villes qui fait son possible pour nous contenter et que nous devrions plus respecter. On respire, on respire... On gonfle son ventre et ses poumons..

♥♥ ♥♥ **L'exercice :** un peu de marche.. Mes jambes fonctionnent, c'est pure merveille. J'essaie de m'en souvenir toujours et de me le rappeler souvent. J'ai tendance parfois à l'oublier un peu et considérer toute ma machine humaine comme « normale » d'avancer. Rien n'est moins vrai et chaque jour est un miracle. Un pas de danse, mon corps vibre et la musique le pénètre. Je bouge, je vis, c'est bon. Je peux courir, sauter, cabrioler. Un petit tour en vélo, les fesses bien calées sur une selle un peu rigide, allez on pousse sur les pédales, ça roule.. ma poule..

♥♥ ♥♥ **La joie :** la joie qui peut naître de partout, d'un rien, de tout : le rire d'un enfant, revoir un ami, écouter une musique. L'émotion qui surgit d'une lecture, d'une phrase, d'un mot, un film, un regard subitement mouillé, le parfum d'une fleur, la douce lumière d'une lampe tamisée par un foulard de soie, la fragile fragrance d'un matin de printemps, l'exquise douceur d'une peau veloutée, la caresse câline d'un doux soleil de mai, la découverte sans cesse renouvelée d'un monde infiniment recommencé pour peu que nous restions éveillés. J'ouvre les yeux le matin et je souris dans mon lit, je souris à moi-même, je souris pour rien, je souris à la vie. Essayez, on se sent immédiatement un peu mieux.

Ralentissons le pas afin de mieux goûter la beauté et la sérénité de ce qui nous entoure. Oui cela existe encore !

Prenons le temps d'écouter, comprendre, savourer, respirer, lire, écrire, découvrir. Quel bonheur un soir d'été de regarder le ciel étoilé, couché(e) dans l'herbe. Quel plaisir le matin de se lever et d'aller respirer à sa fenêtre. Puis au petit déjeuner de vraies questions : thé ou café ? Chocolat ou chicorée ? Miel ou confiture ? Tartines ou muesli ? Se donner le pouvoir de choisir et le lendemain celui de changer. Prendre le temps de ne plus avaler rapidement son petit noir une main déjà sur le loquet de la porte.

Savoir muser encore le nez en l'air même si on n'a plus dix ans et surtout si on n'a plus dix ans.. à la découverte ou redécouverte de sa ville, de son quartier. Boire un verre à la terrasse d'un café. Regarder les gens passer. Ecrire de jolies lettres à ses amis et oublier un peu les réseaux sociaux.

Derrière les gestes tranquilles du quotidien la joie simple d'être au chaud l'hiver près de sa cheminée ou juste assis(e) dans son fauteuil, son chat sur les genoux qui ronronne ou lire un bon livre.. La joie un soir d'été de se balancer sur son transat dans son jardin et ne rien faire que rêver. Ou se mettre sur son balcon aux pierres encore chaudes la nuit tombée ou simplement s'accouder à sa fenêtre et contempler l'immensité du ciel étoilé ou les lumières de la ville qui nous disent que d'autres êtres semblables à nous sont là derrière ces volets, qu'eux aussi ont fini leur journée et aspirent comme nous à toujours mieux vivre.

Tranquillité, douceur pour oublier un peu la cruauté du monde, la peine des hommes, nos propres menus soucis et les cancans du voisinage. Tout ce cirque du dehors qui nous enchaîne, nous agresse continuellement et finit par nous plonger après le temps de l'exaspération (toujours plus de violence, de misère, de peurs, de pleurs) dans le temps de l'hébétement. Se retrouver. Oui car le vrai bonheur est au cœur de nos vies en nous-mêmes.

L'étoile ou la pantoufle, vous vous souvenez ? Agir ou Subir ? Le contentement, la satisfaction étant des actes conscients (pensez au verre rempli à moitié que certains trouveront à moitié plein et d'autres à moitié vide), optimiste ou pessimiste ? - tâchez plutôt de retrouver l'enfant en vous, celui qui franchissait les obstacles allègrement, qui réinventait le monde à sa façon. Aidé de votre maturité et prenant l'enfant pas la main vous ferez de votre présent un plein accomplissement. Facile à dire et pas à faire ? Je vous entends.. Mais réalisable.

Le passé est le passé. L'avenir nul ne sait ce qu'il sera. Que reste-t-il de vrai, de fort, d'intense ? Le présent. Il est à vous, faites le beau, heureux du plus que vous le pourrez. Conjuguez le verbe « aimer » à tous les temps, à tous les âges, à tous les moments, mais toujours à l'indicatif présent.

Aimer ainsi c'est oublier (en tout cas se tenir un peu à distance et ce n'est pas de l'égoïsme) ce qu'il y a de moins bon sur cette terre, s'extraire (même temporairement) du malheur pour vivre sa vie pour de vrai. Attardons nous sur les saisons, sur les paysages, sur les êtres et moins sur la fureur du temps, le vertige des jours, la folie des nations.

Délectons-nous sans hâte de tous ces simples mais immenses bonheurs qui nous aident à mieux vivre.

XI

Autres questions
Un régime : après le pourquoi, le comment ?

Tous les régimes (tous ceux que j'ai testés) finissent par ressembler peu ou prou à des camisoles de force diététiques qu'on nous demande ou plutôt que l'on s'impose de porter durant un temps plus ou moins long. Pourquoi ? Surtout que chaque fois la camisole a des liens qui se resserrent davantage. Nous haïssons la dictature des régimes et pourtant nous nous y soumettons en esclaves dociles jusqu'à ce qu'un jour, épuisé(e)s, écœuré(e)s, enragé(e)s nous craquions de toutes parts et alors nous envoyons tout balader.

Mais comment sortir du cycle infernal « privations, craquages ? » Rien de plus simple, nous le verrons plus loin.

Avant toute chose essayons de voir les effets pervers à la limite presque sadiques des régimes en général. Pourquoi font-ils regrossir dès qu'on les arrête, quels sont leurs effets sur la santé et que faut-il dire à ceux et à celles qui veulent quand même maigrir ? Quel état d'esprit doit-on absolument avoir pour réussir à perdre du poids sans regrossir ? Quel art de manger faut-il adopter pour ne plus faire de lard sans se faire du mouron et pourquoi regrossit-on dès qu'on cesse un régime ? C'est un point commun. Tous les régimes sont censés nous faire maigrir. Oui mais également ils favorisent la reprise de poids dès qu'on les arrête. Pourquoi donc ?

Premièrement c'est parce que, s'ils font perdre très vite (trop vite) du poids, ils ne sont en général pas tenables sur la durée. Pour que la perte de poids soit durable il faudrait être au régime à vie. Et la vie on ne sait pas combien de temps elle va durer. On espère assez longtemps alors se priver toute une vie c'est NIET ! NON ! NADA ! NO, NO, NO...C'est tout vu, on ne veut pas et on a bien raison. Donc on arrête les frais rapidement.

Deuxièmement : plus un régime est restrictif, plus vite on regrossit si on recommence à manger comme avant dès la fin dudit régime. Au niveau psychologique il a été constaté également que la perte de poids d'un régime mal adapté s'accompagne généralement d'une augmentation de la masse grasse. Quand le corps est en état de manque il va aller puiser l'énergie dont il a besoin dans sa masse maigre.

Résultat : le muscle fond mais la graisse reste, donc la personne s'affaiblit. A court terme elle est contrainte de reprendre une alimentation normale et elle retrouve tout logiquement son poids initial.. sinon un peu plus jusqu'au prochain régime. C'est un véritable cercle vicieux. Plus on fait de régimes, plus le corps devient résistant à l'amaigrissement.

En clair : plus on rate de régimes,
plus on aura de difficultés à perdre du poids par la suite.

Alors je le répète ce que je vous propose n'est pas un régime, une diète ou un jeune ! C'est une manière durable de mieux s'alimenter.

Un régime raté laisse toujours des « bleus » au corps et dans la tête. Sur le plan psychologique les régimes, à cause des privations et des frustrations qu'ils entrainent, provoquent des troubles du comportement alimentaire. Les plus courants sont les crises compulsives voire les boulimies et les anorexies. Il existe cependant des troubles mineurs comme « l'anarchie alimentaire ». On ne fait plus aucun repas structuré. Ou encore les « restrictions volontaires chroniques » qui consistent à se priver d'une certaine catégorie d'aliments.

Sur le plan corporel des dégâts peuvent être enregistrés mais surtout lorsqu'il y a des oscillations de poids nettement au-delà des 10 kilos. Des chercheurs américains ont démontré également que l'effet « yoyo » trop fréquent des kilos pouvait parfois favoriser l'apparition d'accidents cardio-vasculaires.

Mais que dire à ceux qui veulent maigrir quand même ?
Et Comment y arriver ?

PRIORITE des priorités : PERDRE ses mauvaises habitudes alimentaires.

Oui on peut maigrir sans regrossir et sans danger à condition d'aborder le problème de poids sous un angle différent de celui du régime à perpète. Il FAUT juste perdre ses mauvaises habitudes alimentaires !

Il y a 7 points essentiels à respecter. Sur une échelle graduée de 1 à 7 on pourrait les énoncer ainsi. J'ai ajouté un huitième point qui n'est pas essentiel à une bonne conduite de régime mais peut vous soulager d'un tracas quotidien qui n'a pas lieu d'être.

<u>Premier point</u> : LIMITER !

Cela consiste à **limiter** au maximum les graisses. On peut facilement y arriver grâce à des recettes diététiques à cuisiner sans (ou très peu) de matières grasses et grâce aussi aux ustensiles qui n'attachent pas, aux cuits-vapeur, poêle à la pierre de lave, wok, etc.

Il faut aussi **limiter** les glucides (mais en prendre quand même) car trop de glucides conduit immanquablement à faire de la matière grasse.

<u>Deuxième point</u> : RéPARTIR !

Oui, **répartir** dans le temps son alimentation quotidienne. L'idéal est de faire 3 repas par jour plus éventuellement 1 ou 2 collations (en milieu de matinée et pour le goûter).

<u>Troisième point</u> : CHOISIR !

Il est primordial de limiter les frustrations. Pour cette raison aucun aliment n'est interdit. Mais il faut **choisir** à bon escient ceux que l'on pourra consommer « comme on veut », ceux que l'on consommera « parfois et en petites quantités » et les autres « à oublier le plus souvent ». Un simple exemple : vous adorez le chocolat ou le saumon fumé ou je ne sais quoi d'autre.. Donc vous ne les excluez pas de votre régime (sans pour autant vous en bâfrer) quitte à compenser sur le reste.

Car s'interdire un aliment quel qu'il soit pour maigrir est un mauvais calcul. Si on le fait malgré tout car on se sent sur-investi'(e) genre ayatollah des régimes et bien une fois le poids espéré atteint on se dira qu'on peut réintroduire à foison nos péchés mignons et c'est alors qu'on regrossira. Vous ne devrez donc pas vous en priver mais plutôt en manger moins. Pas pour s'empiffrer juste pour le plaisir. Leur rareté ne vous en fera que davantage les apprécier. Il faut juste admettre qu'on peut avoir eu un mauvais jour (ou un bon c'est selon la manière de le voir) – ça arrive - sans se laisser abattre pour autant. Il faut clairement être capable de revenir à la normale en un rien de temps et savoir que cet écart fera partie du passé. Vous avez **choisi** cette fois là en pleine conscience de trébucher – vous en avez le droit - mais cela ne veut pas dire s'effondrer. C'est ainsi que vous mettrez en place progressivement et sans à coup brutal un nouveau choix alimentaire. Le jeu en vaut bien la chandelle !

<u>Quatrième point</u> : BOIRE !

Boire, boire et boire au moins 1,5 l d'eau par jour. Oubliez les apéros quand même et toutes les boissons alcoolisées sauf si cela vous manque trop un petit ballon de rosé bien frais l'été ou de rouge un jour sur deux aux repas mais pas plus. Vous verrez comme ce breuvage vous semblera divin de par sa rareté.

Cinquième point : S'AIDER

Aides-toi le ciel t'aidera ! Si besoin donc il faut **s'aider** par des petites interventions extérieures : des mucilages, des algues, plein d'herbes aromatiques et des épices, quelques compléments alimentaires comme le magnésium, le zinc, la vitamine E.. En tout cas jamais de diurétiques, de tranquillisants, jamais de coupe-faim et pas de dopants non plus.

Sixième point : SALER MOINS

Pourquoi ne pas essayer de manger **moins salé.** Pas complètement fade, ça moi je sais que je ne pourrais jamais. Mais oublier le plus souvent possible de mettre la salière sur la table. Planquez là, faites quelque chose mais de grâce ne faites pas de vos plats les salins de midi.

Septième point : Ne Jamais SAUTER de Repas

Ce point est indispensable pour atteindre votre objectif, la cible, le nirvana, le septième ciel ? La réussite de votre régime : **ne jamais sauter de repas** sous prétexte de maigrir plus vite. Très mauvais plan ça. Votre corps ne vous dira pas merci bien au contraire.

Et le petit huitième : OUBLIER

Oubliez votre balance ! Ne faites pas de fixation comme moi j'ai pu le faire. Vous ne vous pèserez pas chaque jour.. On le sait le verdict de la balance est implacable bien qu'indispensable pour estimer les efforts qu'il reste à accomplir. Mais se peser chaque jour n'est pas bon pour le moral, le résultat n'étant évidemment pas immédiat. Le corps a besoin de temps, de paliers aussi, de petites reprises de poids avant de reperdre. C'est son affaire, il sait ce qu'il fait. Alors laissez-le en paix, la pesée une fois par semaine c'est suffisant.

Pour réussir ne faites pas n'importe quoi et restez modéré(e)

XII

Quelles sont mes chances de réussite ?

Pouvez-vous répondre par oui aux questions suivantes ? Elles sont essentielles. Si dans vos précédents régimes vous aviez répondu par la négative alors ne vous étonnez pas si vous n'avez subi que des échecs.

1. Est-ce que je peux partager avec d'autres personnes cette nouvelle manière de m'alimenter ? (mon entourage immédiat, mon mari, mes enfants, mes copines..)
2. Est-ce que je peux déjeuner ou dîner hors de chez moi chaque fois que je le veux ou que c'est une obligation pour moi (repas d'affaires, fêtes de famille, etc..)
3. Vais-je pouvoir transformer ce « régime » en nouveau comportement alimentaire ?

Oui ou non ? Et bien moi avec le mode d'alimentation que je vais vous proposer je peux répondre oui à ces trois interrogations importantes. Et je peux ajouter sans être présomptueuse qu'il vous conviendra et que la perte de poids induite aura toutes les chances d'être cette fois définitive.

L'état d'esprit nécessaire

Inutile de se torturer le corps et l'esprit ! Parfois on s'impose des règles tellement strictes qu'on finit par devenir rigide et « chieuse » pour soi – ce qui n'est déjà pas drôle – mais pour les autres aussi, alors c'est carrément pas marrant du tout.

Au moindre petit « craquage » les femmes sombrent dans la déprime avec l'impression d'avoir commis une faute irréparable et c'est d'ailleurs à ce moment qu'elles laissent tout tomber ! En réalité les « entorses » font partie intégrante de l'hygiène et de l'équilibre alimentaire.

Pour réussir un régime on ne doit pas se sentir prisonnier(ère). Il faut savoir se permettre je vous l'ai déjà dit, de craquer de temps à autre pour un péché mignon, celui de votre choix : un gâteau, un carré de chocolat (si vous savez résister à la tablette entière), du saumon fumé ou une coupe de champagne pour fêter un événement ou pour simplement vous faire plaisir. Mais ne profitez pas de cette permission pour vous ruer tous les quarts d'heure sur votre plaisir préféré. Il ne faut quand même pas exagérer..

Pour maigrir durablement
il faut continuer à vivre le plus normalement possible.

Et pour se faire, on va évacuer quelques idées reçues. On en parle beaucoup autour de nous entre copines, de mère en fille et on y croit d'autant plus qu'elles sont souvent répétées avec beaucoup de conviction et parfois avec des « preuves » à l'appui ! Alors vrai ou faux ? Cherchez l'erreur en 7 points. Mais si vous avez été attentive à votre lecture jusqu'ici vous avez déjà les réponses.

1. Il ne faut pas boire d'eau en mangeant : c'est évidemment **FAUX**. L'important est de boire à sa soif en dehors des repas et pendant les repas 1,5 l d'eau par jour. Cela semble être la bonne mesure en eau, thé, infusions, tisanes..

2. Un régime trop restrictif fait grossir : **VRAI.** Plus vous vous restreindrez plus vous aurez des envies irrépressibles de manger. Frustrez-vous, sautez des repas et voyez le résultat. Le corps va s'adapter à un niveau de dépenses énergétiques plus bas. Et pof ! Dès que vous recommencerez à vous alimenter normalement voilà qu'il regrossira en vous gratifiant de quelques kilos supplémentaires ! Il n'est pas chien le corps, généreux même !

3. Sauter un repas va m'aider à mincir plus vite : **FAUX.** Voir le point 2. C'est en mangeant correctement et régulièrement que vous maigrirez. Pas possible pensez-vous ? Et bien si ! En effet, lorsqu'il y a trop d'écart entre deux repas l'organisme « en panne d'approvisionnement » va stocker les calories au lieu de les brûler. Il va marcher en quelque sorte au ralenti pour durer.

4. Il vaut mieux faire plusieurs repas par jour. **VRAI.** C'est en mangeant régulièrement (voir point 3) que vous maigrirez et en fractionnant vos repas. Alors oui, il est préférable de garder ses 3 repas par jour complétés par une ou deux collations. L'idée de base est d'avoir environ 4 heures d'écart entre deux repas, pas plus, pour éviter des fringales compulsives. (Si vous prenez le petit déjeuner à 8 H et que vous mangez à midi bien sûr une collation ne s'impose pas !) En fait ce

que vous mangez habituellement sur 2 repas il est préférable de le répartir au cours de la journée.

5. Aucun écart n'est permis : **FAUX**. Vous le savez maintenant, il est logique de craquer, le contraire serait surprenant. Donc ne pas se culpabiliser, pas de lamentation ni de défaitisme. Vous n'êtes pas nul(le), vous n'êtes pas fichu(e). Ce n'est pas si grave puisqu'on vous dit que c'est humain. Dès le lendemain vous allez reprendre votre régime normalement. Je me répète c'est vrai mais je crois que c'est essentiel, essayer d'être plus strict(e) encore n'avancerait à rien sinon à vous frustrer davantage et à craquer encore plus vite une prochaine fois. Cool mes sœurs et mes frères ! ZEN !

6. Le pain fait grossir : **FAUX**. Ce n'est pas le pain qui fait grossir bien sûr. Ne lui jetons pas la pierre. C'est ce qu'on met dessus, le beurre, la confiture, le saucisson, les sauces.. Le pain ne fait pas plus grossir que les fruits ou les yaourts à 0%, si bien sûr vous en mangez davantage (je parle des fruits et des yaourts) que la ration à laquelle vous avez droit. Mieux. Par rapport à un yaourt à 0% le pain présente un avantage incontestable. Il permet de se sentir rassasiée. Tout est question de quantité et d'équilibre avec les autres aliments. (Petite parenthèse : je déteste les yaourts ou les fromages blancs à 0%. Ils n'ont aucun goût et je refuse de manger ce que mes papilles n'apprécient pas. Alors je prends du 3,6% et ça change tout pour mon plaisir gustatif sans me pénaliser sur la balance).

7. Le sport fait maigrir : **FAUX.** Le sport n'a jamais fait maigrir personne. Chic, chic, j'entends d'ici les paresseuses qui se réjouissent déjà. Mais, car il y a souvent un « mais » quand cela semble trop beau pour être vrai. Si vous êtes trop sédentaire vous maintiendrez pourtant difficilement un amincissement. Aussi il serait souhaitable de se bouger un peu les fesses c'est pas interdit.

Mais soyons honnêtes jusqu'au bout. Il faut savoir que si le sport ne fait pas maigrir en revanche il sculpte, il raffermit une silhouette amincie, il gaine. Donc je dirai **FAUX/VRAI.** Ah il la tient bien sa revanche le sport ! Il faudra bien en passer par lui pour avoir un beau cul en béton armé plutôt que deux tristes gouttes d'huile. Mais attention si on tient à ses fesses marshmallows pourquoi pas ? Cela peut avoir pour certains un charme fou ?

Soyez cool, aimez-vous !
Le résultat obtenu vous le rendra !

XIII

Manger à la bonne heure et pour notre bonheur

Nous avons tous une horloge interne et une horloge externe, celle de notre montre (qui a encore une montre ?) ou de notre portable (soyons dans le coup) qui nous indique le temps qui passe et qu'on ne peut retenir. Et manger à la bonne heure c'est lorsque ces deux horloges se rejoignent.

On a pu démontrer que l'activité de notre organisme varie selon les heures du jour et de la nuit. Cette horloge interne qui nous programme de l'intérieur joue également un rôle dans la propension que l'on a à grossir. Le corps ne réserve pas le même sort aux graisses et aux sucres selon qu'on les absorbe à dix heures ou à vingt heures. Le matin on brûle, le soir on stocke. Je n'ai rien inventé, je parle sous le contrôle de mon ami le médecin diététicien nutritionniste et il m'en apprend tous les jours.

Donc CQFD et évidence première : **le matin on devrait toujours plus manger que le soir.** Un pain au chocolat avalé le matin ne fait pas autant grossir que si vous l'engloutissiez à 17 H. En effet si vous le mangez à 17 H il ira tout droit sur vos hanches alors que le matin il laissera moins de traces ! C'est donc à partir de 14 H, voire 16 H pas plus, qu'il faudra mettre la pédale douce. Oui mettre un frein sur les graisses et les sucres rapides. En respectant son rythme biologique on ne grossit pas et même on perd doucement du poids en restant raisonnablement gourmande.

En résumé on a le droit de manger de tout
en quantités raisonnables
mais pas à n'importe quel moment de la journée !

On peut rappeler pourquoi il est important de manger à la bonne heure. S'alimenter mobilise l'organisme et **manger tous les jours aux mêmes heures** permet de programmer l'ensemble des opérations nécessaires au corps : la salive, les sucs gastriques, les enzymes, les hormones, les neuromédiateurs et de l'énergie.. etc. Il faut s'organiser du mieux possible pour y arriver, se l'imposer même, c'est très important. Prévoyez de vous réserver des plages horaires fixes comme lorsque vous prenez des RDV de travail ou autres – réunions d'affaires, médecins, esthéticienne, manucure, pédicure, plombier.. Et surtout n'y dérogez que le moins souvent possible.

Autre conseil : vous avez l'habitude de manger une certaine quantité d'aliments au cours de votre journée essentiellement sur deux repas avec un petit déjeuner bâclé le plus souvent.. Et bien simplement en mangeant la même quantité d'aliments (mais si vous limitez un peu les portions, surtout pour les viandes et les féculents cela n'en sera que mieux soyons honnêtes), et en les répartissant en 3 ou 4 petits repas cela entraine en conséquence déjà une chute de poids lente mais progressive. Vous le savez déjà, plus l'intervalle entre deux prises alimentaires est grand plus on fait des réserves de graisse..
Je vous l'ai déjà dit mais il est bon parfois de se répéter.

Alors pour bien faire il faudrait prendre :

Le petit déjeuner entre 6 H et 8 H
La collation à 10 H (pas obligatoire si petit déjeuner à 8 H)

Le déjeuner entre 12 H et 13 H
Le goûter entre 16 H et 17 H
Le dîner entre 19 et 21 H (jamais après 21 H)

Alors manger les bons aliments aux bons moments. Ne me dites pas que vous n'avez jamais résolu des problèmes plus ardus que celui-ci. Pour vous aider dans vos choix j'ai ajouté une table des équivalences caloriques (chapitre XVI). Les équivalences ça aide à diversifier son alimentation sans se prendre de risques inconsidérés.

Entrons dans le vif d'une journée lambda.

1. **Petit déjeuner** :

- café ou thé ou tisane (sans sucre, sans lait)
- pain complet de préférence ou pain aux céréales (40 g - cela représente environ 3 petites tranches de pain) avec une fine couche de beurre allégé **OU** une cuillerée à café de confiture allégée en sucres **ou** du muesli pas trop calorique, genre Fitness (40 g) avec du lait écrémé
- 80 g de fromage blanc à 3% ou un yaourt
- un fruit (kiwi ou autre).

§ Si vous n'appréciez pas trop le fromage blanc trouvez d'autres laitages à faible teneur en matière grasse comme le yaourt déjà mentionné. Et si vous n'êtes pas laitages du tout optez pour les laits végétaux (lait de soja, d'amandes, d'avoine, etc..)

2. **Dans la matinée :**

- Un fruit ou un laitage mais facultatif si pas plus de 4 H d'écart entre matin et midi.

3. **A Midi** :

- En entrée : des légumes crus en salade (tomates, oignons frais, concombres, radis, endives, chou..) ou des légumes cuits à la vapeur, à l'eau (poireaux, haricots verts, courgettes, épinards). Remplissez une petite assiette creuse.

Je vais le répéter plusieurs fois mais l'assaisonnement avec une petite vinaigrette est important, ça donne du goût et si on respecte les proportions ça permet de se maintenir dans le régime sans effort car l'huile d'olive est bonne pour la santé *(1 c. à c. d'huile d'olive vierge de préférence avec 1 c. à c. de vinaigre au choix, sel, poivre, herbes, persil, menthe au choix..)* Allez-y joyeusement sur les herbes aromatiques pour salade, menthe, basilic, ail frais ou en en poudre, oignon frais, persil, etc.

- Plat principal : une viande maigre (60 à 80 g): poulet (aiguillettes, blancs), lapin, dinde **OU** un poisson maigre (80 à 100g): merlan, raie, sole, daurade, cabillaud, carrelet, colin **OU** un œuf dur ou brouillé ou au plat sans gras ou presque. On peut mettre un léger filet d'huile au fond de la poêle ou dans le wok.

§ Si vous êtes végétarien mettez l'accent sur les légumineuses et les fruits secs.

- Accompagnement : un petit bol de riz (40 g sec) ou de pilpil de blé ou de quinoa (20 g sec), de la graine de couscous, de la semoule (20 à 30 g sec) et vous ajoutez 1 cuillerée à café de lentilles **OU** de haricots rouges **OU** de pois chiches **OU** de maïs. Pas plus !

- Des légumes cuits au choix en complément de la viande en proportions raisonnables (la valeur de 3 à 4 cuillerées à soupe de légumes cuits). Et des épices pour relever tout cela : curcuma (antioxydant), curry, gingembre, thym, laurier, piment d'Espelette, tout dépend de ce que vous cuisinez.

Vous découvrirez plus loin (Chap. XV) quelques recettes à ma façon.

- En dessert : un laitage à pas plus de 3,6 % (yaourt au lait de vache ou de brebis ou soja nature ou fromage blanc) avec une compote de fruits allégée en sucres.

4. A 16 H :

- 1 fruit ou un laitage maigre **OU** 3 à 4 amandes avec un verre de lait écrémé **OU** un carré ou 2 de chocolat **OU** une barre de céréales si vous avez vraiment un petit creux. Vous faites comme vous voulez, on est libre quand même !

5. Le dîner :

- On **commence toujours par une petite soupe légère,** cela remplit l'estomac. On la prépare avec des légumes frais ou quand on n'a pas trop de temps en prenant des soupes surgelées ou déshydratées (je ne cite aucune marque mais en vérifiant qu'il y ait le moins de calories possibles aux 100 g). On pèse 20 g de cette poudre et on jette cela dans 150 ml d'eau froide à peu près, un peu plus si on la veut plus liquide. Une à 2 minutes de cuisson, un bol et hop c'est fait.

- Après la soupe **des légumes crus en salade** : (Variez par rapport aux crudités de midi). Tomates, oignons, concombres, endives, courgettes, poivrons, céleri, fenouil, haricots verts, champignons, carottes râpées avec ail.. Au choix tout est bon. Parfois une salade composée avec 1 c. à s. de maïs sur des tomates en dés avec un oignon frais, du concombre et quelques feuilles de laitue.

Utilisez toujours des petits récipients (petite assiette, petit bol). On a l'impression d'en avoir beaucoup plutôt qu'une grande assiette ou les légumes auraient la place de se battre en duel. Même assaisonnement qu'à midi.

- On peut se contenter ensuite **d'un féculent** ou de céréales, quinoa ou riz ou blé.. à raison de 20 g non cuits. Pour les pommes de terre 100 g. Tout dépend de son appétit. Moi j'en prends moins mais c'est variable, par contre il ne faut pas s'en passer.

Exemple : 2 petites pommes de terre pesant entre 100 à 120 g crues puis cuites à l'eau ou à la vapeur avec de la fleur de sel et un trait de crème fraîche allégée (ou crème de soja cuisine) si on le souhaite. Ou des pâtes à la bolognaise (pas plus de 40 g de pâtes sèches ça gonfle beaucoup à la cuisson) et pas de jambon avec car il y a de la viande dans la sauce (achetée toute prête si vous voulez. C'est bon et plus rapide quand on est pressé(e)s). Ou 20 à 30 g de pain complet si on a la flemme de se faire cuire des féculents (mais exceptionnellement quand même).

- **Des légumes cuits** pour le bol alimentaire.

- Eventuellement on peut ajouter *si - et seulement si - on a encore réellement faim* **une tranche de jambon** cuit découenné, dégraissé (dans les 60 à 80g) ou un œuf dur, sauf si on a pris des pâtes à la bolognaise. Les protéines c'est surtout pour le midi.

C'est votre persévérance qui vous récompensera

XIV

On continue ainsi et on voit les menus

Quelques idées de plus !

Pour vous aider à diversifier vos repas au cours de ce « régime » voici quelques idées de menus qui marchent, faciles à réaliser et avec des produits de tous les jours. Pas la peine d'aller les chercher à Tombouctou ou à Tataouine les Bains. Ils sont là chez votre épicier préféré (j'aime les petites épiceries de quartier qui se meurent un peu où on vous disait *« bonjour ma p'tite dame ça va aujourd'hui ? Et votre petit dernier ça marche bien à l'école ? Ou…* ») Un peu d'humanité dans ce monde d'indifférence ça fait du bien au moral (même si la salade y est un peu plus chère mais faut bien qu'il vive aussi mon épicier). Ou faire ses courses en grande surface (ouais, on vit avec son temps).

Bon, **pour le petit déj'** y'a pas de problème je crois. Il faut apprendre à manger le matin et à bien manger. Alors n'allez pas pleurnicher en disant que le matin vous n'avez pas faim, que vous n'avez pas le temps, etc.. Aucune excuse ne sera acceptée : l'appétit viendra doucement. Et puis vous n'avez qu'à vous lever un quart d'heure plus tôt, ne dit-on pas que l'avenir appartient à ceux qui se lèvent tôt ? L'avenir et la forme ajouterais-je !

Moi j'ai une astuce qui marche bien ou plutôt un petit truc à faire. Le soir avant d'aller me coucher je dresse sur la table sur un joli plateau mon mug préféré, un kiwi ou un autre fruit sur une jolie petite assiette réservée au petit déj' très colorée (les couleurs sont importantes pour stimuler l'appétit et donner envie). Je mets ma théière à côté avec mon thé déposé dans le tamis (je n'aurai plus qu'à faire bouillir mon eau et à la verser dans la théière). Je pèse mes 40 g de muesli ou mes 40 g de pain complet que je dépose dans une coupelle ou dans mon assiette. Je sors la confiture allégée avec une petite cuillère à côté (pas une cuillère à soupe). Je mets de côté mes petits suisses (2) ou ma coupelle de 80 g de fromage blanc à 3,6%.

Aussi le matin quand je me lève j'ai l'impression que quelqu'un m'a préparé mon petit déj' en voyant mon plateau déjà dressé. Je n'ai plus qu'à sortir ma bouteille de lait écrémé pour mon muesli et mon laitage, je glisse mon pain dans le toaster et le tour est joué.

Pour le reste vous savez faire. Vous allez vous installer comme si vous étiez à l'hôtel. Vous êtes votre propre invité(e) ! Pas mal, non. Et en plus vous avez gagné du temps.

Pour midi ou 13 H au plus tard, vous devez essayer d'éviter les viandes trop grasses comme le mouton ou certaines parties du porc ainsi que des poissons genre thon ou saumon (sauf cuit à la vapeur).

« *L'idéal consiste,* dit-on (et pour moi le **« on »** restera toujours un con, c'est mon père qui le disait car le « on » ne se montre pas, commode de se cacher derrière le « on »), donc certains ***« on »*** *disent qu'il faudrait manger le moins de plats différents possibles car plus* ***on*** *varie les goûts plus* ***on*** *s'ouvre l'appétit !!* » Quelle sottise !! Nom d'un chien ! Au contraire variez, variez, cela sera tellement moins monotone et on n'est pas des bêtes, on sait ne pas se ruer sur la nourriture quand même !

Encore que je n'ai jamais vu mon gentil toutou se précipiter sur sa gamelle comme un fou ni sur le morceau de viande que je lui donne (d'ailleurs il ne faudrait pas que je lui en donne) quand nous sommes à table. Il le hume, le renifle et délicatement du bout des babines il l'attrape précautionneusement avant d'aller le déposer sur son tapis (sa nappe disons-nous) pour le déguster. On a du savoir-vivre à la maison.

Allez, on y va depuis le temps que je le dis. Voici des idées de menus que vous pourrez prendre tels quels ou en changer les ingrédients équivalents.

Voici des menus pour 15 jours

Pour le midi :

- Crudités en entrée + une grillade (60 à 80 g) + légumes au choix (voir dans la table des calories les équivalences) + de 20 à 40 g de riz sec selon la morphologie de la personne + un laitage (80 g de fromage blanc à 3%) + une compote allégée en sucre.

- Toujours les crudités en début de repas + une escalope de dinde (80 g) + 50 g de pâtes sèches avec de la sauce tomate dessus (pas de beurre ni de fromage) + tomates poêlées + laitage avec compote.

- Crudités (voir plus haut les exemples que je donnais) + des aiguillettes de poulet (80 g) saisies 4 à 5 minutes à la poêle avec un peu de sauce soja en dernière minute de cuisson + légumes au choix + quinoa (20 g) + laitage + compote.

- Crudités + un petit râble de lapin cuisiné avec 1 c à c de moutarde, échalotes, sel, poivre, ½ c à c d'huile, laissez mijoter à couvert + riz + champignons sautés à côté avec une persillade + laitage + compote.

- Crudités + darne de saumon frais (attention pas plus de 80 g compte tenu des 180 c qu'il apporte s'il est cuit vapeur ou au contraire des 206 calories si cuit à la poêle) avec un filet de citron + aneth ou branches de céleri légèrement dorées dans la poêle ou le wok et une ou 2 petites pommes de terre (qu'on aura cuites à la vapeur avec le saumon) ou Haricots verts…+ laitage + compote (oui c'est toujours pareil me direz-vous) mais il y a pire et on peut varier ses laitages et le goût des compotes.. Quel luxe !

- Ou : Salade de chou avec un filet d'huile d'olive et du citron avec un peu de maïs (1 c. à soupe) + haricots verts + filet de dinde grillé + 1 pomme de terre.

- Je ne vais pas répéter indéfiniment crudités et, et.. Juste mentionner le plat principal ! Donc saumon grillé + brocolis + féculents etc..

- Ou : Assortiment de légumes verts vapeur et poisson maigre + riz.

- Ou : Courgettes crues à la fleur de sel (ou chou-fleur) + darne de lieu grillée + endives braisées + blé Erbly.

- Ou : Poivrons rouges grillés au four ou à laisser doucement cuire dans une poêle puis réduire avec un filet d'huile d'olive + ail + vinaigre balsamique en fin de cuisson + une tranche de jambon braisé (70 g) + céréales méditerranéennes (40 g).

Astuce !! Quand je fais certains plats comme les poivrons par exemple, j'en fais une plus grosse quantité que je répartis par portion perso et je les mets au congélo ainsi que certaines viandes qui peuvent être facilement décongelées et sont très bonnes réchauffées. Quand je n'ai pas le temps de cuisiner j'en sors un paquet et hop, quelques céréales avec et des crudités en plus, voilà, le tour est joué et je vais bien manger malgré le peu de temps que j'ai parfois..

Attention les pommes de terre ne supportent pas la décongélation, elles deviennent farineuses.

- Ou : une petite cuisse de poulet (on a enlevé la peau et le gras) dans le wok avec des tas d'épices + une ratatouille avec ½ poivron et une tomate avec oignon + riz.

- Ou : Carottes râpées avec de l'ail (1 carotte par personne) + céréales avec quelques gros haricots rouges + filets de poulet juste saisis dans la poêle avec des blettes braisées.

- Ou : Filets de sole en cocotte ou au four agrémentés de tomates, courgettes, oignons, citron, thym, persillade, laurier, sel, poivre, le tout arrosé d'une cuillerée de vin blanc et un peu d'eau.

- Ou : Potiron en purée ou purée de pommes de terre ou purée de carottes ou purée de brocolis ou purée d'épinards avec 2 œufs durs.

- Ou : Carpaccio de bœuf (80 à 90 g) avec tomates en tranches, filet d'huile d'olive avec un trait de vinaigre balsamique + quinoa + petite purée avec un trait de crème fraîche allégée.

<u>Et pour le soir</u> :

- Toujours commencer par **une soupe légère** au choix puis continuer par une **petite salade** puis **des légumes cuits**, une **petite portion de féculents** et **parfois** (pas toujours) des **protéines**. On n'a pas forcément besoin de manger de la viande 2 fois par jour ! Puis l'indispensable **laitage** mais pas de compote le soir. Vous vous en souvenez.

STOP ! Plus de sucres après 16 h

Pour les légumes et l'accompagnement cela peut être :

- Haricots verts vapeur et poulet ou..
- Epinards et un œuf ou..
- Choux-fleurs + cabillaud en papillote avec persillade ou..
- Endives braisées + blanc de dinde ou.. endives roulées dans une tranche de jambon ou..
- 4 grosses crevettes avec des tomates fraîches en coulis avec petits oignons et persillade ou..
- 2 ou 3 sardines en boîte avec un petit oignon frais et une pomme de terre nature vapeur ou..
- 1 steak haché avec oignon + haricots verts en salade ou..
- 2 tomates garnies avec 1 œuf dur + 4 c à s de blé, câpres, cornichons ou..
- Une salade composée de cœurs de palmier, germes de soja, tomates, concombres, 30 g de thon (en boîte) avec 1 c. à c de vinaigrette allégée..

Bon je vous ai donné des idées, des pistes. Je pense que vous en avez compris le principe, l'essence même. Alors il est temps pour moi de vous lâcher un peu la main.

A vous de jouer !

Laissez parler votre imagination comme moi je l'ai fait

Et puis… Si vous êtes en panne d'idées…

XV

Quelques bonus de recettes
(pas du Bonux)

Oui j'aurais pu la faire cette plaisanterie là car nous quand nous étions enfants (pas à l'époque des dinosaures faut pas pousser) on raffolait de cette lessive, on voulait vite terminer le baril de maman car au fond, bien cachée, il y avait une surprise tant espérée et on aurait bien vidé en cachette toute la lessive pour l'atteindre plus rapidement !

Pas bien sage ça, donc pas de précipitation ! Mes bonus à moi, mes surprises, ce sont mes jolies recettes colorées perso et minceur – voilà on y arrive - toujours bien présentées dans de jolies assiettes. Il est très important d'avoir l'œil régalé avant les papilles.

Astuce ! Je ne redirai jamais assez l'importance de petites assiettes agréables à votre œil. Tout paraît meilleur et on a l'impression que c'est bien rempli.. Et au lieu de tout peser prenez un verre, une coupelle, toujours les mêmes qui correspondent à la mesure de ce que vous dosez en céréales ou légumineuses ou fromage blanc, etc..

Faites le max pour vous simplifier la vie....

Quelques recettes à ma façon

Seiches à la plancha et ses légumes du soleil

Pour 2 personnes :

Faites une marinade avec huile d'olive, épices, sel, poivre, piment d'Espelette, thym, gingembre, curry, curcuma, jus de citron et mettez les 2 seiches découpées en rondelles avec des oignons et un poivron rouge (plus doux que le vert) découpé en lanières. Laissez mariner au moins une heure.
Cuisez à la plancha 8 à 10 minutes à peu près. Vérifiez la cuisson (que cela ne soit pas caoutchouteux, pas cuit totalement ou trop ferme). Il faut que cela reste croquant sous la dent avec un certain moelleux quand même.
Servez avec un filet de crème balsamique et du riz en accompagnement. Pressez un jus de citron dessus.

Poulet basquaise délicieux et allégé

Pour 4 personnes :

Faites dorer les morceaux de poulet (hauts de cuisse :100 g/personne pesés avec l'os ou 60 à 80 g si pas d'os) en cocotte.
Les retirer (jeter le premier jus trop gras) puis mettre à la place dans la cocotte avec un filet d'huile 1 poivron rouge en lanières, et un vert, 1 oignon coupé en petits dés, sel, 1 courgette, une vingtaine de haricots rouges, 2 gousses d'ail, poivre, aromates, thym, laurier, gingembre, paprika. Laissez dorer 5'.
Remettez les morceaux de poulet auxquels bien sûr on a retiré à présent la peau, rectifiez l'assaisonnement, arrosez avec un bouillon cube de poulet délayé dans un peu d'eau chaude et un c. à s. de vin blanc.
Ajoutez des tomates concassées (une boite entière), puis un peu d'eau si nécessaire et couvrez. Cuisez à petit feu 30 minutes.
Servez dans de jolies assiettes avec du riz (30 g/personne) ou du blé ou du boulgour. Poser dessus un brin de thym.
En entrée une salade verte avec de l'oignon frais et bien sûr des herbes pour assaisonnement de la salade.

Aiguillettes de poulet mode orientale

Pour une personne :

Aiguillettes de poulet ou de dinde (60 à 80 g)

Les faire dorer dans une poêle Téfal, ajoutez de l'échalote et un quart de poivron rouge en lanières que vous faites dorer aussi avec un soupçon de harissa (purée de piments rouges séchés au soleil puis broyés).

Puis baissez le feu et laissez cuire à couvert 5 minutes en retournant les aiguillettes et en ajoutant une c. à s. d'eau.

Puis ajoutez-y quelques légumineuses : 20 g de lentilles corail cuites (l'équivalent d'une belle c. à café) avec une dizaine de haricots blancs, 20 g de pois chiches cuits (une cuillère à café) (en boîte) et/ou aussi 20g de maïs, un peu de laurier et de l'estragon, du poivre et un peu de curcuma.

Disposez les légumineuses sur un côté de l'assiette avec en demi cercle les aiguillettes sur lesquelles on aura mis un trait de crème de soja cuisine et une branche de menthe fraîche.

Accompagnez votre préparation de boulgour (20g) ou de blé ou du Quinoa..

En entrée on aura préparé une salade de concombres avec en assaisonnement ½ yaourt allégé et un filet de citron, sel, poivre.

<u>Poulet à ma façon au céleri</u>

Pour 2 personnes :

Faites dorer avec très peu d'huile dans une poêle des carottes découpées en cubes (1 carotte pour 2 personnes) et du poulet taillé en dés (toujours 60 à 80 g par personne).

Ajoutez une branche de cèleri avec feuilles débitées en lanières puis un cube de volaille (ou de légumes), un peu d'eau et laissez mijoter quelques minutes en remuant jusqu'à que les carottes soit tendres.

Baissez le feu et ajoutez un peu d'eau, Puis mettez 18 g à peu près de lentilles cuites (retenez la mesure avec une cuillerée à soupe). Ensuite diluez 2 c. à s. de sauce tomate aux légumes, un peu de curcuma, estragon, piment d'Espelette, sel, poivre... et laissez cuire à couvert 5 minutes en retournant le tout puis en ajoutant un peu d'eau encore si nécessaire.

Attention au sel (pas trop à cause du bouillon cube assez salé) !

Accompagnez de blé (20 g de blé sec qui font le double une fois cuit), céréales ou légumineuses au choix.

<u>Astuce !</u> Bis repetita : A l'usage vous verrez que vous vous faciliterez la vie en prenant toujours le même récipient de base du dosage adéquat pour tout ce qui est céréales, riz, boulgour, blé, semoule..

Rappel : le plus souvent possible en entrée une salade de légumes frais. Laitue, concombres, tomates, oignons frais avec une vinaigrette allégée (toujours une seule c. à c. d'huile (d'olive vierge de préférence mais pourquoi pas de temps en temps varier avec huile de sésame grillée ou huile de noix ou de colza) ! Et attention ce n'est pas une cuillère qui déborde trop souvent dans la salade..
Ou salade avec tomates, maïs, champignons, pousses de soja, haricots verts, choux-fleurs crus à la croque au sel ou cuits avec vinaigrette ou fenouil ou radis noirs... Lâchez-vous sur les salades !!

Petit truc pour l'assaisonnement de la salade :

Par personne : 1 c. à c. d'huile d'olive vierge, 1 c. à c. de vinaigre balsamique ou de xérès ou de framboise ou de cidre pour varier, sel, poivre, herbes à salade, menthe, persil frais et **ajoutez une c. à c. d'eau pour augmenter le volume de l'assaisonnement** !!

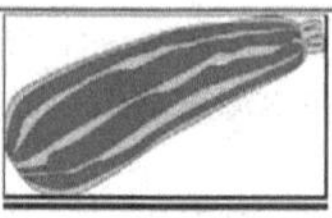

Courgettes au fromage et jambon cru

Pour 2 personnes :

Cuire 2 courgettes à la vapeur 15'. Laissez égoutter. Une fois refroidies coupez les en 2 dans le sens de la longueur, creusez.

Mettez-les dans un plat à gratin légèrement huilé au préalable.

Remplissez le creux avec du jambon cru (1 tranche par personne). Poivrez. Mettez un peu de noix de muscade ou/et de curry ou curcuma.

Saupoudrez légèrement de fromage râpé et placez le plat au gril 5'. Si pas de fromage, mettez un trait de crème fraîche allégée au moment de servir.

Dégustez avec une céréale ou une pomme de terre vapeur.

Et aussi :

Courgettes vapeur à laisser refroidir et garnir de sardines à l'huile (2/personne) égouttées et émiettées et d'oignon frais haché avec sel et poivre.
C'est simple, rapide et délicieux.. si on aime les sardines, of course..

On se fait plaisir !
On peut prendre son fromage blanc ou ses petits suisses ou son yaourt (3%) battus, cela les allège et au lieu de la compote allégée on coupe une demi banane en dés (ou un autre fruit) avec un peu de cannelle en poudre et on mélange. Ça change et c'est bon.

Entremets vanille ou cacao (oui vous ne rêvez pas !)

Je vous donne une alternative aux sempiternels laitages mais uniquement le midi et une fois par semaine. Et avec l'entremets vous pouvez **ajouter un fruit** de votre choix.

Pour 2 personnes :

20 g de poudre par personne et 125 ml de lait écrémé.
Cuire 2 minutes à feu doux une fois porté à ébullition.
Mettez au frais dans de jolies coupes.
Servez seul ou accompagné d'une demi poire fraîche ou de fraises ou de ce que vous voulez en fruit et mettez un brin de menthe dessus pour la fraîcheur et ravir l'œil.

Petit couscous maison sans prétention

Pour une personne :

Poulet (75 g/personne), légumes (carottes – 40 g/personne), navets – 50 g/personne), courgettes - 40 g/personne), 2 ou 3 feuilles de chou - pois chiches - 20 g/personne) le tout bien doré en commençant par le poulet, les carottes, les navets, les pois chiches, le chou et en dernier lieu les courgettes qui cuisent plus rapidement.

Ajoutez un peu de concentré de tomates, harissa, épices pour couscous, sel, poivre.

Recouvrez d'eau à laquelle vous aurez ajouté 1/2 cube à la volaille et 1/2 aux légumes.

Laissez mijoter 30 minutes.

Astuce ! Pour une semoule réussie sans se prendre la tête. Faites chauffer de l'eau que vous versez dans un plat creux contenant la semoule moyenne (20 g par personne). Couvrez avec une assiette et laissez gonfler. Puis au bout de 10' environ séparer les grains avec une fourchette. Et hop voilà votre semoule est prête !

Mettez 10 g de raisins secs à gonfler dans de l'eau chaude et ajoutez à la garniture en les présentant dans des petites coupelles..

Servez avec une pointe de harissa si vous aimez le « un peu chaud » en bouche.

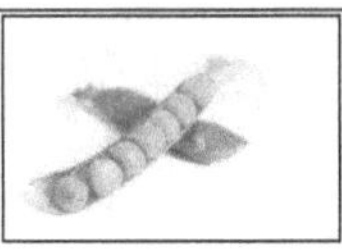

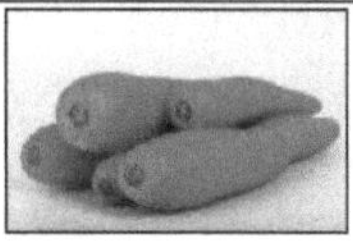

Salade de blé au poulet et ses petits légumes

Pour 2 personnes :

Dorez des aiguillettes de poulet (60 g/personne) dans une poêle anti adhésive puis les cuire rapidement (pas plus de 5 m). Ôtez-les, laissez les refroidir.

Mettez à la place dans la poêle d'abord l'oignon (9 g/personne) que vous faites dorer, puis les petits pois (54 g/personne), le maïs (54 g/personne) et les carottes (45 g/personne) - on aura au préalable **cuit les carottes à la vapeur**. Ajoutez un peu d'eau, baissez le feu et laissez juste 2 minutes à petit feu.

Laissez refroidir le tout. Servez ensuite avec un trait de vinaigre balsamique ou un jus de citron, du basilic et de la menthe et deux olives noires coupées en rondelles.

Par ailleurs faites cuire 10 minutes dans de l'eau bouillante 20 g de blé/personne.
Egouttez.

Mettez au centre de l'assiette avec la garniture autour.

§ *Le maïs et les petits pois ne nécessitent pas vraiment de cuisson si vous les prenez d'une boîte de conserve. S'ils sont frais, bien sûr les cuire au préalable à la vapeur avec les carottes.*

Carpaccio de bœuf

Il faut 80 g de carpaccio de bœuf par personne.

Déposez les tranches dans des assiettes rectangulaires (plus jolie présentation) avec des rondelles de tomates, des petits oignons frais finement ciselés, du persil, du basilic frais et de la menthe.

Mettez un trait d'huile de noisette grillée, sel, poivre.,

§ Laissez de côté la sauce qui accompagne le carpaccio (si vous le prenez conditionné en sachets) car trop d'huile qui ne respecte pas nos dosages.

Décorez avec quelques grains de poivre, de la crème balsamique et des feuilles de menthe.

En accompagnement des céréales à la méditerranéenne que vous disposez dans un petit bol à côté (ou du boulgour).

Et en entrée une salade mixte avec carottes râpées, concombres, quelques grains de maïs avec oignons frais et céleri râpé si on aime ou un peu de fenouil.

Poulet po-po-po-po dit

Pour 2 personnes :

Déposez 2 morceaux de poulet après avoir enlevé la peau dans une cocotte huilée.

Dans un mortier écrasez l'ail (3 gousses), du piment, cumin et cannelle et 1 c. à s. de concentré de tomates. Ajoutez 25 cl d'eau et versez cette préparation dans la cocotte dès que le poulet est doré.

Amenez à ébullition et versez des pois chiches (50 g).

Cuisez ensuite un bon quart d'heure.

Disposez sur une assiette avec du persil frais dessus pour la garniture et quelques pois chiches à disposer au bord de l'assiette.

Servir avec **des légumes verts** (épinards, blettes) et un peu de **semoule** moyenne cuite façon couscous.

Astuce : Pour cuire la semoule rapidement vous savez maintenant comment la faire. Voir ci-dessus. Mais j'ajoute une petite variante : avant de séparer les graines vous pouvez ajouter une c. à c. d'huile d'olive, un peu de curcuma et/ou de cumin. Mixez le tout et couvrez. Quelques minutes après votre semoule de couscous est prête à être dégustée.

Poulet marinade asiatique

Pour 2 personnes :

Préparez une marinade dans un sachet de congélation (sauce soja, sauce pour rouleaux de printemps, sel, poivre, piment d'Espelette, gingembre et citron vert).

Ajoutez les morceaux de poulet (60 ou 80 g par personne) préalablement dégraissés et la peau enlevée. Fermez bien et malaxez un peu le tout puis laissez mariner 2 à 3 heures au frais.

Ensuite dans un wok mettez les morceaux de poulet avec la sauce, ajoutez un poivron coupé en lamelles, ½ oignon sec et des pousses de soja (1 petite boîte). Versez un coulis de tomates.

Un peu de thym, de la menthe.

Laissez mijoter à feu doux ½ heure.

Servez avec du boulgour ou un écrasé de pommes de terre (2 p. de terre) et une salade verte et oignons frais.

Astuce : *Essayez de cuisiner pour 4 ou 6 personnes et mettez au congélo (en prévision) pour les jours de grande disette de temps !! Il suffit de multiplier les doses.*

<u>Blanquette de poulet à l'ancienne allégée</u>
(Quand vous avez un peu plus de temps pour cuisiner !)

Recette pour 2 personnes : 100 g de cette préparation = 80 calories.

Coupez les escalopes de poulet (80g/p) en morceaux (pas trop petits).
Épluchez 1 oignon, 1 carotte.
Coupez l'oignon et la carotte en rouelles et du blanc d'un poireau en petits tronçons.
Délayez 1/2 cube de bouillon de volaille dans 40 cl d'eau tiède.
Dans une cocotte, faites revenir les morceaux de poulet avec 1 c. à c. d'huile.
Dès qu'ils sont colorés, égouttez-les sur un papier absorbant.
Faites ensuite revenir tous les légumes.
Essuyez un peu la cocotte avec un papier absorbant.
Remettez poulet et légumes dans la cocotte ainsi que les champignons de Paris égouttés (100 g). Mouillez avec le bouillon de volaille.
Ajoutez thym, laurier, bouquet garni et 2 clous de girofle.
Salez très légèrement, poivrez.

Couvrez et laissez cuire pendant 40 mn environ.

Retirez la viande et les légumes, déposez-les dans le plat de service chaud.
Faites réduire un peu le bouillon.
Dans un bol, mélangez 1 jaune d'œuf et 1 c. à s. de crème allégée.
Prélevez un peu de bouillon de cuisson, versez-le doucement en fouettant.
Reversez le mélange dans le bouillon en fouettant bien, ne pas oublier la muscade selon goût.
Cuisez 2 à 3 mn doucement en remuant sans arrêt.
Si la sauce est trop liquide, épaississez-la avec un peu de fécule de maïs (à peine, à peine une c. à c.).

Ajoutez le jus **d'un citron.** Rectifiez l'assaisonnement.
Versez la sauce sur la viande et les légumes.

Petit Rappel pour le soir

Commencer toujours par un potage allégé en calories
Pour 20 g de potage en poudre mettre 150 ou 200 ml d'eau.

Continuer toujours par une salade au choix pour les fibres
Salade verte ou concombres ou poireaux vapeur vinaigrette ou haricots verts ou tomates cerises ou tomates avec concombres et oignons ou mélange de petits dés de poivrons, courgettes, tomates et oignons ou carottes râpées (1 par personne). Ne vous affadissez pas la vie, l'assaisonnement est important.

Ensuite au choix (quelques légumes cuits) ou un **Velouté de carottes*** (ou pommes de terres seules ou épinards, ou potiron..) *je préfère appeler cela comme ça, c'est plus joli que purée de carottes quand même !

* On peut aussi faire des **pâtes à la bolognaise** (20 g ou 30g de pâtes sèches selon votre appétit et votre corpulence).

* ou une **purée pomme de terres / haricots verts** à faire soi-même (40 g de chaque) avec 1 tranche de jambon cuit découenné, dégraissé.

* ou une **salade du Sud** : mélangez une demi tomate à 18 g de maïs, quelques haricots blancs, 20 g de haricots verts, un oignon frais, 2 aiguillettes de poulet froid en cubes (ou un œuf dur), quelques feuilles de salade débitées en lanières et assaisonnez.

Pour en revenir à mon **velouté*** cuire des carottes à la vapeur avec une petite pomme de terre. Les passer au « blender » avec 1 carré de fromage allégé (par exemple) à l'ail et fines herbes et mouiller avec l'eau de cuisson.

Servir avec une feuille de menthe en déco et une tranche de jambon ou un œuf (pour les protéines).

<u>Et terminez par un laitage</u> au choix (1 yaourt 3% ou 1 pot de fromage blanc 3,6% ou 2 petits suisses à 3,6%.)

Attention le soir on n'ajoute pas une compote allégée à son laitage car plus de sucres après 16 h !!! On aura pris son dernier aliment sucré (1 fruit ou une barre de céréales ou un carré de chocolat avec 2 ou 3 amandes

vers 16 H, 16 H 30, 17 H en tout cas jamais après 18 H**)**.

XVI

Dites-moi, ça combien cela coûte en calories ?

Tableau des calories indispensable pour s'aménager des repas au gré de ses envies tout en respectant le nombre de calories.

<u>A consulter souvent</u> !

<u>Pour les crustacés et poissons</u> (toujours pour 100g)

Anchois à l'huile :	16 c pour 4 anchois
Huîtres :	65 c
Calmar :	90 c
Moule :	69 c
Crevette :	85 c
Homard :	99 c
Coquille St Jacques :	111 c
Crabe :	91 c

Encornet :	175 c
Hareng fumé :	315 c pour 150 g
Langouste :	82 c
Lotte :	97 c
Loup :	124 c
Requin :	130 c
Sardines à l huile :	198 c
Saumon :	206 c mais si cuit vapeur : 180 c
Seiche :	68 c
Sole :	86 c
Thon :	132 c
Éperlan :	124 c
Palourde :	148 c
Plie :	91 c

<u>Pour les céréales</u> (100 g) <u>et légumineuses</u> (100 g)

Biscottes :	40 c pour une biscotte
Blé Ebly :	127 c
Blinis :	226 c
Boulgour :	80 c
Chips:	527 c
Flocons d'avoine :	375 c
Germe de blé :	382 c
Graines de tournesol :	584 c
Lentilles :	89 c
Pâtes fraîches :	105 c pour 105 g (à privilégier par rapport aux pâtes sèches)
Pâtes sèches :	350 c
Petits beurres :	502 c
Pois chiche :	171 c pour 100 g
Quinoa :	368 c (à raison de 30 à 40 g/ portion, on peut !)
Riz blanc :	120 c
Riz complet :	100 c
Semoule cuite :	115 c
Son d'avoine :	246 c (très utile en cas de constipation !!)
Épeautre :	338 c
Orge perlée :	352 c
Pain complet :	35 c la tranche moyenne (pas l'énorme pain de ménage aux tranches larges comme des soucoupes !)

Pour les légumes (100 g)

Ail :	149 c
Artichauts :	47 c
Asperges :	19 c
Aubergines :	25 c
Avocat :	361 c
Betteraves :	43 c
Bettes :	19 c
Carottes :	31 c
Champignons :	22 c
Chou :	25 c
Chou fleur :	18 c
Citrouille :	26 c
Concombres :	16 c
Cornichons :	14 c
Courgettes :	19 c
Endives :	17 c
Épinards :	50 c
Haricots verts :	31 c
Laitue :	15 c
Navets :	28 c
Oignons :	40 c
Olives :	115 c
Patates douces :	86 c
Poireaux :	61 c
Poivrons :	27 c
Pommes de terre :	77 c
Radis :	16 c
Tomates :	18 c (faites la différence avec les tomates cerise !!!)
Tomates cerises:	100 c

Pour les fruits

Abricot :	14 c, 1 abricot moyen
Amandes :	160 c pour 28 g
Ananas frais :	1 tranche 19 c
Banane :	une banane, 134 c
Fraises, framboise :	36 c les 100 g
Kiwis :	53 c le kiwi moyen

Melon :	38 c les 100 g
Noix :	une seule noix 23 c
Pêches :	40 c la pêche moyenne
Poires :	54 c pour 100 g
Pommes :	54 c pour 100 g
Raisin :	69 c pour 100 g

Laitages

Activia Danone :	88 c
Beurre :	60 c pour 8 g
Boursin ail et fines herbes :	pour 150 g, 621 c
Camembert :	113 c pour 40 g
Chèvre frais :	32 c pour 40 g
Comté :	158 c pour 40 g
Emmental :	152 c pour 40 g
Feta :	160 c pour 45 g
Fromage blanc :	48 c si o% et 85 c si 3%
Gouda :	141 c les 40 g
Mayonnaise :	108 c pour 1 seule cuill. à soupe !
Mozzarella :	320 c pour 125 g
Roquefort :	150 c les 40 g
St Moret :	139 c pour 40 g
St Nectaire :	140 c les 40 g
Vache qui rit :	73 c les 25 g
Yaourt nature:	64 c les 125 g

Viandes

Andouillette :	351 c une petite andouillette
Agneau côte première :	274 c les 110 g
Agneau épaule rôtie :	300 c les 100 g
Bœuf grillé :	220 c les 140 g
Boudin :	615 c les 150 g
Pintade :	190 c
Porc : côte grillée	247 c les 100 g
Poulet blanc de poulet :	120 c les 70 g
Poulet rôti :	un quart 268 c
Escalope de veau :	211 c les 100 g
Veau côte grillée :	329 c les 100 g

Divers (<u>attention warning</u>)

Apéricubes : 16 c
Cacahuètes : 209 c pour 35 g
Chips : 259 c pour 45 g
Chocolat au lait : 162 c pour 30 g
Chocolat noir : 155 c pour 30 g
Coca cola : 148 c une canette
Croissant : 183 c
Foie gras : 180 c les 40 g
Frites : 508 c pour 140 g
Huile : 1 c à s 100c
Jambon cru : 96 c pour 50 g
Jambon cuit : 72 c pour 50 g
Lard fumé : 201 c pour 30 g
Merguez : 210 c pour 1 merguez
Miel : 93 c pour 30 g
Nutella : 81 c pour 1 c. à c.
Œuf dur : 73 c
Pain complet : 35 c pour une tranche
Pizzas aux 4 fromages de 450 g : 1206 c
Poudre d'amandes : pour 20 g, 126 c
Raclette : 357 c pour 100 g
Rillettes : 232 c pour 50 g
Sardines à l'huile : 57 c
Tarama : 297 c les 50 g

<u>Pour les vins</u> (100ml)

Cabernet sauvignon : 77 c
Champagne : 76 c
Gamay : 78 c

Marsala :	100 c
Muscat :	83 c
Pinot noir :	75 c
Porto :	160 c
Sangria :	132 c
Sauvignon blanc :	81 c
Vin rosé :	71 c
Vin rouge :	85 c
Riesling :	80 c

<u>Pour les bières</u> (100 ml)

Kronenbourg :	38 c
Leffe :	61 c
Panaché :	38 c
Pils :	54 c
Stella Artois :	51 c
Stout :	51 c
Bière trappiste :	80 c

§ *Le nombre des calories peut varier légèrement d'une source à l'autre* car les infos sur Internet ne sont pas toujours rigoureuses. Mais grosso *modo vous saurez quand même ce qu'il en coûte sans être absolument* rigoureux.

XVII

Les équivalences caloriques

Parce qu'on aime varier les plaisirs sans se mettre en défaut

Quand ce qui nous est préconisé ne nous convient pas si l'on doit dîner dehors et qu'il nous faut alors choisir l'équivalent en calories de ce que nous projetions de manger chez nous ou tout simplement quand on a envie de diversifier ses plaisirs alimentaires.. Et bien.. Il y a les équivalences. Car tout a un prix (ou un coût) dans la vie, les aliments aussi et ce qui nous intéresse ici plus particulièrement c'est le coût des aliments en calories. Bien pratique quand même n'est-ce pas pour vous (nous) les indépendant(e)s ou pour les gourmand(e)s de savoir que nous ne sommes pas brimé(e)s ou limité(e)s.

Les quantités indiquées sur ces tableaux correspondent au poids des aliments cuits et débarrassés de leurs déchets. Vous avez également droit à des « extras » mais pas à plus de 2 ou 3 par semaine, en tout cas en temps de surveillance inévitable. Ces « extras » sont à choisir dans les péchés mignons et/ou les alcools, que cela soit pour des besoins compensateurs ou de purs plaisirs.

→ **<u>Viandes, poissons et fromages</u>**

125 g de poisson maigre =	10 crevettes roses =	60 g de saumon frais =	30 g de saumon fumé =
100 g de poulet en escalope ou aiguillette =	60 g de jambon blanc =	30 g de côtelette d'agneau =	1 œuf =
100 g de fromage blanc à 20%	180 g de fromage blanc à 3%	75 g de fromage léger à tartiner	20 g de fromage à 45%

→ **Féculents et légumes**

100 g pommes de terre nature =	100 g de macédoine =	75 g de petits pois =	60 g de maïs =
60 g de purée maison	Légumes à volonté (haricots verts, courgettes, concombres, choux-fleurs..)	50 g de pâtes, riz, semoule	50 g de haricots blancs, lentilles

→ **Pains et céréales**

Pâtes et riz semi complets sont d'excellents sucres lents pour le dîner à consommer avec un filet d'huile d'olive ou de sésame grillé. Cuisinez-les de préférence « al-dente ». En effet une cuisson trop longue les transformerait en sucres rapides à digestion accélérée. Les pommes de terre en robe des champs, à la vapeur ou en papillotes conviennent bien mieux que les purées (qui sont pratiquement des sucres rapides).

Aussi si vous faites vous-même votre purée ne la faites pas trop liquide (sans beurre évidemment) ! Utilisez l'eau de cuisson pour mouiller.

40 g de pain frais =	30 g de pain grillé =	30 g de biscottes =	30 g de Wasa =
20 g de muesli	1 petit pain au lait	25 g de pain d'épice	1 crêpe

→ **Laitages** :

1 verre de lait écrémé =	1 yaourt au lait entier (nature ou fruits =	3 petits suisses à 0% ou 2 petits suisses à 3,6% =	80 g de fromage blanc à 3,6 % =

→ **Fruits**

Tous les légumes frais mais aussi surgelés, en conserve ou sous vide peuvent être consommés à volonté avec un minimum journalier de 300 g. Bien pratique les surgelés pour les femmes pressées et surbookées, nouvelles déesses Shiva de notre temps.

1 banane =	1 brugnon =	3 prunes =	½ mangue =
1 petite grappe de raisin	10 litchis	Framboises à volonté	

♥ ♥ **Péchés mignons** ♥ ♥

20 g de chocolat =	1 boule de sorbet =	4 c.à c. de confiture =	20 g de saucisson =
10 g de chips =	40 g d'œufs de poisson	8 c. à c. de crème fraîche =	

!→ **Matières grasses** !

1 c. à c. de mayonnaise =	3 c. à c. de vinaigrette allégée =	2 c. à s. d'huile =	1,5 c. à c. de béarnaise =

!!→ **Alcools** !!

4 cl de whisky =	12,5 cl de vin ou de champagne =	6 cl de porto =	25 cl de bière =
20 cl de jus de fruits sucré =	20 cl de coca =		

Y'a pas d'mal à s'faire du bien mais avec.. modération !

XVIII

Enfonçons le clou un peu plus loin

Si vous êtes une grignoteuse invétérée il faut apprendre à quantifier l'apport calorique de tous ces grignotages souvent anodins à nos yeux. *« Quoi, moi je grignote ?? Je ne m'en rends pas compte et/ou c'est si peu ! »* Oui, peut-être que c'est peu mais si c'est trop fréquemment et inutilement et bien.. c'est trop. *« Mais c'est pas si important ! »* Et ben oui madame, oui monsieur que c'est important, très important et même si ça vous fait du mal et bien lisez ce qui suit. Ouvrez bien les yeux, il le faut et découvrez ce que ce « *si peu* » que vous mangez peut vous en coûter !!

Les pains et les « en-cas, du moindre au pire

1 petit morceau de pain = 60 calories	1 c. à s. de confiture = 80 calories	1 c. à s. de crème au chocolat = 150 calories
1 petit morceau de pain beurré = 215 calories	1 bol de Corn flakes avec lait = 310 calories	1 hamburger = 520 calories
½ petite pizza = 350 calories	½ baguette avec jambon = 520 calories	1 sandwich au saucisson = 520 calories

Les apéros, un plaisir social ou solitaire qu'on paye cher

Une vingtaine d'olives = 70 calories	7 toasts apéritifs ou amuse bouche = 110 calories	4 tranches de pain de mie avec saumon, caviar = 160 calories
10 apéri-cubes fromage = 120 calories	15 biscuits salés apéritif = 300 calories	30 pistaches environ = 300 calories
6 saucisses apéritif = 150 calories	15 biscuits sucrés ou salés environ = 150 calories	40 cacahuètes environ = 360 calories

Comparons les alcools

Un pastis, un cocktail, un Kir, une coupe de champagne, un whisky, un porto ou un cognac, même combat, ça nous coûte de 100 à 150 calories ou plus..

Les charcuteries – les féculents – les viandes – les fromages

Là aussi les calories sont vite avalées et pour de si petites quantités ! Débusquons-les.

Une trentaine de frites = 270 calories	3 tranches de mortadelle = 160 calories	6 tranches de saucisson sec = 210 calories
1 tranche de jambon cuit = 70 calories	3 surimis = 50 calories	1 assiette à dessert de fromage blanc sans sucre = 230 calories
1 petit morceau de roquefort = 260 calories	1 petit morceau de camembert = 170 calories	40 chips environ = 160 calories

Les pâtisseries – les confiseries – les boissons

Aïe ! Les sucres, ils font mal eux aussi !!

3 parts de tarte aux pommes = 540 calories	2 tranches de cake aux fruits = 370 calories	1 petite part de gâteau au chocolat = 470 calories
1 coca cola = 100 calories	2 madeleines = 390 calories	2 carrés de chocolat = 50 c
1 banane = 130 à 200 calories	1 part de salade de fruits = 120 calories	1 Mars = 230 calories

Que faire alors ?

Oui alors que faire ?

Vous avez vu, c'est impressionnant. Mais en matière de grignotages on peut dire qu'il y a des solutions pour les freiner.

Il s'agit d'une part de ne pas oublier de prendre **des protéines au petit déjeuner**.

A midi et au dîner ne pas faire l'impasse sur les **légumes avec** une part de **sucres lents** - pois, pois chiches, haricots blancs, fèves et lentilles - pas trop cuits et en quantités raisonnables comme indiqué dans les recettes. **Ou des pâtes, riz complet** ou semi complets qui possèdent des fibres. Et **un peu de protéines** (viande ou de poisson ou oeufs).
* Par exemple vous pourrez ajouter aux pois chiches des épinards à l'ail et un peu de cumin et une viande blanche.
* Avec un couscous légumes - poulet des pois chiches.
* Vous associerez une purée d'aubergines à un taboulé avec persil, citron et des dés de dinde.

Les aliments peu chers comme **les lentilles, les haricots secs, les fèves, les pois chiches**, etc. sont accusés à tort de faire grossir au profit d'aliments blancs raffinés comme le pain, la farine, le sucre qui eux sont pourtant plus difficiles à digérer car privés de nutriments essentiels (vitamines, oligo éléments, acides gras polyinsaturés, acides aminés essentiels, etc.). Alors plus d'hésitation, **réintroduisez dans vos repas les aliments peu chers** mais riches en nutriments indispensables à votre alimentation pour vous sentir **moins fatigué(e), moins tenté(e) par les grignotages, plus résistant(e) au stress et pour continuer de perdre progressivement et durablement un excès de poids.**

A réinviter à votre table les aliments bon marché.

XIX

Quelques bons principes à adopter

Pour réussir à mincir il ne s'agit pas seulement (et parfois pas du tout) de réduire ses portions alimentaires. Il y en a qui mangent peu mais mal. C'est essentiellement une question d'hygiène de vie.

Alors il y a **quelques bons principes à adopter une fois pour toutes** pour se sentir mieux avec soi-même. De simples conseils d'amie. Adoptez-les !

☺Ne vous laissez pas aller et ne trainez pas comme une malheureuse (ou un malheureux) en pyj', mal fagoté(e) sous prétexte que vous restez à la maison.

☺Maquillez vous légèrement ça donne bonne mine et le moral. Un homme peut prendre soin de sa peau, de son physique aussi.

☺Offrez-vous des produits de beauté. Il y en a à des prix abordables et si vous le pouvez, allez chez l'esthéticienne de temps à autre ou allez vous faire faire un massage complet (valable pour les 2 sexes).

☺ Evitez de grignoter. On ne le dira jamais assez, les grignotages sont l'ennemi n° UN !!

☺Evitez de manger sur le pouce. Asseyez vous tranquillement et prenez votre temps en ayant conscience de ce que vous faites, vous n'en aurez que plus de plaisir.

☺Evitez de manger trop rapidement.. On mâche, on mâche et on s'applique. On n'avale pas comme des gloutons en 5 minutes un vrai repas qui devrait durer au moins 20 minutes (le temps de mettre en route l'impression de satiété).

☺Arrêtez de remplir vos placards d'aliments « dangereux » : bonbons, chips, cacahuètes.. qui s'avalent sans y penser, par ennui, par lassitude, par gourmandise ou par inadvertance.

☺Variez votre alimentation ! Des études prouvent qu'à calories égales les personnes qui diversifient leurs menus chaque jour brûlent plus de calories que celles qui prennent toujours la même chose !

☺Méfiez vous des pubs alléchantes, à la télé ou ailleurs. Des études ont démontré là aussi la puissance des messages publicitaires : une sauce au chocolat onctueuse coulant sur un gâteau et vous voilà parti(e) vers le frigo ou votre placard. Hum qu'est-ce que je vais me régaler ! Quitte à avaler n'importe quoi et en plus sans faim ! Non, non et non ! Vous n'êtes pas des robots conditionnés tout de même ! Qui c'est qui est le plus fort ?? Une simple image ou votre esprit ?

☺Apprenez à déguster en faisant appel à vos autres sens, la vue et l'odorat et retrouvez le plaisir de manger. Il faut que ce soit un moment agréable même si vous êtes seul(e). Dites-vous que vous êtes votre propre invité(e).

Et en prime le plus précieux de tous les conseils :

AIMEZ-VOUS !

Car vous êtes - nous sommes - formidables, uniques, irremplaçables, merveilleux(euses).
Oui, on peut se le dire. On le mérite !

Comme ça fait du bien !

XX

Enfin quand vous aurez atteint
et seulement quand vous aurez atteint le poids souhaité..

Au bout d'un mois ou deux ou trois, vous seul(e) le déterminerez, en tout cas quand vous estimerez avoir perdu le poids que vous souhaitiez atteindre vous **continuerez** pourtant ce régime alimentaire encore pendant **2 semaines** mais **en ajoutant** si vous le désirez **une tranche de pain par jour et un repas dit normal une fois par semaine.**

Mais vous pouvez continuer comme cela tout le temps pas de problème c'est bon ce que vous mangez, non ?

Puis pendant **les 15 jours suivants** continuez de même mais en prenant **une petite portion de fromage à midi et un verre de vin** un jour sur 2 si cela vous a trop manqué.

Puis **durant le mois suivant** on ne relâche pas son effort (bien que pour mon mari et moi cela ne relève aucunement de l'effort que de manger aussi correctement) mais on peut alors faire **2 repas dits « normaux » par semaine.** Pourtant on peut se demander où est la normalité quand on a appris depuis quelques temps à si bien s'alimenter. Et la grande satisfaction est de pouvoir garder un poids stable qui nous sied.

Tout cela vous semble peut-être un peu long mais le jeu en vaut vraiment la chandelle. Ne brûlez pas les étapes. C'est trop important pour ne pas reprendre. Plus le régime est étalé dans le temps, plus il a des chances de réussir.. et durablement. C'est la partie la plus sérieuse qui se joue en ce moment mais tenez bon. Il a bien fallu commencer et maintenant il faut bien continuer par là. Rien ne tombe tout cuit du ciel dans le bec.

Aide-toi le ciel t'aidera.

Rien n'est plus vrai car la personne la plus importante dans ce challenge c'est vous ! Et de vous et de vous seul(e) dépendra la réussite ou non.

Mais franchement il n'y a aucun souci à avoir. C'est faisable et moi-même après six mois de cette manière de manger je vous affirme que je n'ai pas eu envie de changer, juste de faire de temps à autre un repas sans règle précise. J'ai accepté des invitations quand elles se présentaient mais aussitôt le lendemain je retournais à cette manière agréable de manger car je ne ressentais aucun manque. J'avais davantage d'énergie, j'avais moins mal aux articulations, je montais les escaliers presque en courant, bref je me sentais une nouvelle personne et en plus j'étais enfin tellement heureuse de rentrer dans des vêtements que j'avais mis de côté pour les donner..

Et je dois le dire, fière de moi d'avoir relevé ce défi et de l'avoir gagné !

Belle récompense, belle victoire sur soi-même !

ON Y EST ENFIN

Hourrah ! On a atteint son objectif sans s'être donné des échéances fixes dans le temps car ça ne sert à rien de se poser comme cela des dates qui sont autant de bornes qu'on se met à soi-même. On a respecté les paliers de la stabilisation, en général le même temps que l'on a mis pour perdre le poids souhaité. Si vous avez atteint votre objectif en 3 mois vous étalerez la période de stabilisation sur le même temps ou plus si vous avez envie, ce n'en sera que mieux ou alors vous garderez de manière pérenne cette bonne manière de manger. Ceci est notre cas à mon mari et à moi.

En tout cas la phase de stabilisation nous a maintenus dans « notre » poids idéal. Bien, bien !

Et à présent c'est génial vous allez pouvoir reprendre (si vous le souhaitez) très progressivement votre alimentation d'avant (!!) mais **sans réintroduire systématiquement des mets trop dommageables** (pizza aux 4 fromages ou au chorizo par exemple, nutella, saucisses, plats riches en sauces !) Oui tout ça à ne pas trop fréquenter quand même ! L'exception doit rester de mise. Oui vous pourrez manger de temps à autre une part de pizza de manière conviviale, ne pleurez pas mais tout en continuant à respecter les principes cités plus hauts : au moins 4 repas par jour à heures fixes et éviter les bamboches trop rapprochées. De plus vous savez à présent estimer le nombre de calories (ou à peu près) de ce que vous ingurgitez. On reste attentifs.

Il vous suffira d'être également un peu restrictif côté matières grasses et féculents mais ne pas s'en priver totalement hein ?

Autre conseil de base : **ne pas se resservir** même quand c'est bon et essayer toujours de quitter la table en n'étant pas rassasié(e), et même s'il subsiste comme une petite faim c'est mieux. En règle générale ce n'est pas de la faim c'est juste un peu de gourmandise. Après avoir mangé normalement un repas avec entrée, plat principal et légumes et féculents, une grosse part de fromage est superfétatoire et ce divin gâteau aussi. On le goûte si on veut (on n'est pas des tortionnaires) mais on n'engloutit pas la tarte entière. Non, non !

Vous avez bien assimilé le concept maintenant.

Vous méritez la couronne de laurier du vainqueur !

XXI

Conclusion

Dès qu'il s'agit d'avancer, d'évoluer, de changer quelque chose d'important dans sa vie on observe toujours les mêmes étapes.

Tout d'abord on se rend compte que ça ne va plus très bien comme ça, on ne sait pas trop mais quelque chose nous indispose.

Puis on reste un peu entre deux eaux vaguement chiffonné(e)s mal dans ses baskets mais on ne se décide pas encore. On est mal à l'aise car on ne sait par quel bout prendre ce malaise, ce mal-être.

Enfin un jour, on ne sait pas vraiment pourquoi d'ailleurs ce jour là plutôt qu'un autre, on se jette à l'eau. Et ce premier pas va nous entraîner vers un autre, puis immanquablement vers le chemin d'un mode de vie plus satisfaisant. Pourquoi un jour-là s'est-on décidé ? Parce que, presque à notre insu, jour après jour notre mental s'est préparé à ce changement. Et le jour où on décide de faire le grand pas c'est que notre mental est enfin débarrassé de ses a priori paralysants.

Oui il est vrai en effet qu'en transformant notre intention inconsciente en quelque chose de conscient, en décidant de changer, de faire quelque chose d'un peu difficile, pas dans notre routine confortable – car changer son mode d'alimentation est dans un premier temps difficile, ne nous le cachons pas - et bien on va se rendre compte que les conséquences que cela va entraîner vont mieux correspondre à qui l'on est vraiment... et que cela a bien valu tous nos efforts et notre persévérance !

On réalise aussi que ce que nous appelions inexactement jusqu'à présent « nos besoins » - besoins plaisir, besoins compensations, pulsions – fondent comme neige au soleil et que dans le même temps notre plaisir à vivre augmente. Les aliments « refuge », les aliments « plaisir », les aliments « compensation », les aliments « pulsion » ne pèsent plus alors très lourds à côté du bien-être et de la saveur d'une vie saine retrouvée. C'est comme si vous aviez finalement grandi et que vous aviez consenti à lâcher enfin votre doudou.

En optant pour le bon sens, non pas celui qui est près de chez vous mais celui qui est en vous, vous diminuerez vos « besoins » d'interdits alimentaires (graisse, alcools, sucreries) enfin de tout ce dont notre organisme n'a pas vraiment besoin et qui ne font que le rendre fatigué et/ou souffrant.

Vous vous enrichirez de qualité de vie, de liberté et de bien-être. Vous serez toujours la (ou le même) au fond de vous mais vous aurez révélé au grand jour ce qu'il y a de mieux en vous !

Révélez au grand jour ce qu'il y a de mieux en vous !

Mais attention les anciennes et mauvaises habitudes, celles que vous avez traînées jusqu'à présent auront tôt fait de revenir si vous baissez votre garde trop vite. Votre poids va peut-être un peu fluctuer selon vos humeurs, vos émotions, les moments, les saisons, le stress.. Tous ces impondérables engendrent des réflexes alimentaires un peu moins bien contrôlés. C'est pourquoi il faut savoir être ferme avec soi-même et vous empresser de perdre rapidement ce petit lest superflu dès qu'il fait mine de vouloir s'installer.

C'est au quotidien que vous allez gérer maintenant votre alimentation, une alimentation qui restera la plus simple possible, la plus saine et la plus fraîche dans le respect des règles énoncées. Quant aux petits plats mitonnés façon Grand-mère Jeanne ou Tante Adèle ou ceux d'un anniv ou d'une fête s'ils doivent rester l'exception ils n'en seront que plus appréciés ! Et on saura faire de ces rares repas des moments gastronomiques fabuleux ou juste des moments plus doux partagés.

Attention aussi aux pièges du « vite-fait », du pratique mais aussi de l'entourage, des contraintes professionnelles, de la facilité, des petits glissements qui risquent de se renouveler trop souvent et venir sournoisement casser ce quotidien alimentaire établi.

Ne pas s'attacher aux remarques des autres : « *mais tu es bien comme ça, t'as pas besoin de continuer..* » D'abord les conseilleurs ne sont pas les payeurs, ça se saurait depuis le temps et seul(e) vous-même êtes apte à savoir si oui ou non vous vous sentez bien comme vous êtes, si vous êtes en accord - ou non - profond avec vous-même et votre miroir. Ne plus dépendre de l'environnement et des autres. S'affirmer !

Garder ses bonnes habitudes alimentaires bonnes pour soi, pour sa santé, pour son moral, pour son équilibre, c'est savoir se prendre en considération. S'estimer et s'aimer, s'occuper de soi..

Rien n'est parfait même les rêves accomplis ! Si vous ne gardez pas cette once supplémentaire de vigilance, ce grain de volonté en plus, le rêve aura tôt fait de s'écrouler. Nous ne sommes pas tout-puissants. Le faux-pas n'est jamais loin mais l'esprit s'est fortifié dans cette petite lutte quotidienne. Il s'est assaini. Il est prêt. Finis les rêves impossibles mais finies les défaites aussi.

Ce qui est correct, ce qui est bon c'est de maintenir le cap doucement, sans à-coups avec juste ce qu'il faut de détermination pour dépasser quelques difficultés inhérentes à la nature humaine ou aux circonstances particulières de la vie.

Etre et demeurer soi-même en sachant qui on est, où sont nos limites, nos faiblesses et nos forces, se connaître, cela fait toute la différence ! Si l'on sait, si l'on est convaincu d'avoir pris le bon chemin, que l'on s'y tienne ou alors retournons à celle ou celui que nous étions du temps de nos rêves chimériques !

Ce ne sont pas les autres qui ont ramé pour vous hein ? Vous et vous seul(e) avez franchi les écueils pour parvenir à la terre promise, à l'île rêvée. Les châteaux en Espagne c'est fini pour vous. Ce que vous avez obtenu c'est du concret. Il est juste nécessaire de préserver cette chose que vous avez mise en place vous-même : votre « **VRAI MOI** » enfoui.

Vous la personne la plus importante au monde. Vous que vous ne perdrez plus jamais de vue ! Car ce n'est que lorsque vous aurez appris à enfin vous aimer inconditionnellement qu'en retour les autres pourront pleinement vous aimer aussi.

Et puisqu'il me faut conclure quand même !

A propos, ce régime (!) n'a pas de nom ! Il est dissocié, respecte une certaine chronobiologie et s'adapte à chaque individualité.

Un nouvel « ***Art de Vivre*** » avait dit justement mon ami ! Il avait raison. En même temps comme ce livre est le fruit de mon expérience personnelle j'ai pu dire très justement : **« Je maigris** (ENFIN) **sans souffrir** (DONC) **sans m'aigrir ».** Car c'est la vérité. Oui c'est possible. J'ai gardé la banane et même je l'ai parfois, souvent.. retrouvée !

Tout ce que je vous ai relaté ne sont que des conseils généraux dont je me suis librement inspirée au gré de mes multiples lectures. Je les ai adaptés à mes propres aspirations qui sont aussi celles de chacun et chacune d'entre vous. C'est ainsi que tout un chacun pourra donc dire « je suis mon propre régime » ou mieux, « je ne fais aucun régime, je *m'alimente bien mieux c'est tout* ».

Toutes les personnes qui ont suivi mes préceptes ont, à terme, perdu leurs kilos et se sentent bien à présent, bien mieux dans leur corps comme dans leur tête. D'abord parce que pour la première fois elles sont allées jusqu'au bout d'un effort personnel et surtout parce que elles ne reprennent pas de poids.

Oui, vous mesdames, mesdemoiselles et messieurs aussi (j'en connais personnellement qui ont suivi mes recommandations et en sont plus que ravis) vous avez tous réappris ou simplement remis en mémoire quelques petites choses essentielles de la vie, petites mais importantes et parfois semblant si insignifiantes que vous les aviez perdues en chemin. Et ça aussi c'est bel et bon !

La vie est votre plus grande amie, elle a toutes les patiences, elle sait attendre le moment et nous procurer encore plein de joies. Chaque matin en nous éveillant défaisons avec toujours autant de ravissement et de gratitude les ficelles du cadeau de la vie pour nous encore renouvelée.

Il suffit juste de se réveiller un jour enfin pour de vrai.
Si notre esprit est motivé le corps suit...
Alors allez-y ! La réussite est au bout du chemin !

Table des matières

Références bibliographiques

Johanne Ledoux : « Guérir sans guerre » – Le Club

Joël Robuchon et le Docteur Sabatier : « Le meilleur et le plus simple pour maigrir ». Le Club GLM

« Guide Minceur » et « Maigrir une fois pour toutes » : dossier réalisé par Annie Schwob avec la collaboration de Catherine Castro, Tootsie Guéra, Laurence Wurtz et Sophie Ziani

Dr Jean Philippe Zermati : « Maigrir ! Et après.. » Hachette

Roberft Hopcke : « Il n'y a pas de hasards » - Le Club

Extraits de dossier réalisé par Dany Dobosz in « Cahiers Pratiques de Parents ».

FSC
www.fsc.org
MIX
Papier | Fördert
gute Waldnutzung
FSC® C083411

Kolibri 360 GmbH
Ferdinand-Jühlke-Straße 7
99095 Erfurt, Deutschland
produktsicherheit@kolibri360.de

Druck:
CPI Druckdienstleistungen GmbH
im Auftrag der
Kolibri 360 GmbH
Ferdinand-Jühlke-Str. 7
99095 Erfurt